高等职业学校"十四五"规划装备制造大类精品教材

UG NX 12.0中文
实例基础教程

UG NX 12.0 Zhongwen
Shili Jichu Jiaocheng

编著 ▲ 吴爽

华中科技大学出版社
http://www.hustp.com
中国·武汉

内 容 简 介

本书从实用角度出发,以实例应用为主线,主要内容包括模块 1 草图、模块 2 线框图绘制、模块 3 实体建模、模块 4 曲面造型、模块 5 装配、模块 6 工程图。本书在实例讲解过程中,由浅入深,从易到难,让读者轻松地从入门达到精通。

本书可供机械类各专业师生在教学中使用,还可供从事机械 CAD/CAM 工作的工程技术人员自学参考。

图书在版编目(CIP)数据

UG NX 12.0 中文实例基础教程/吴爽编著.—武汉:华中科技大学出版社,2021.6(2024.8重印)
ISBN 978-7-5680-7167-3

Ⅰ.①U… Ⅱ.①吴… Ⅲ.①计算机辅助设计-应用软件-教材 Ⅳ.①TP391.72

中国版本图书馆 CIP 数据核字(2021)第 098824 号

UG NX 12.0 中文实例基础教程 吴爽 编著
UG NX 12.0 Zhongwen Shili Jichu Jiaocheng

策划编辑:袁 冲
责任编辑:史永霞
封面设计:孢 子
责任监印:朱 玢
出版发行:华中科技大学出版社(中国·武汉) 电话:(027)81321913
       武汉市东湖新技术开发区华工科技园 邮编:430223
录 排:武汉创易图文工作室
印 刷:武汉开心印印刷有限公司
开 本:787mm×1092mm 1/16
印 张:10.25
字 数:242 千字
版 次:2024 年 8 月第 1 版第 2 次印刷
定 价:39.00 元

　　"机械 CAD/CAM"是机械类专业学生必修的重要基础课。UG 是当今应用最广泛、最具竞争力的 CAD/CAE/CAM 大型集成软件之一,其囊括了产品设计、零件装配、模具设计、NC 加工、工程图设计、模流分析、自动测量和机构仿真等多种功能。该软件能够改善整体流程,提高流程中每个步骤的效率,广泛应用于航空、航天、汽车、通用机械和造船等工业领域。

　　本书包括 6 个模块,模块 1 草图、模块 2 线框图绘制、模块 3 实体建模、模块 4 曲面造型、模块 5 装配、模块 6 工程图。本书在实例讲解过程中,由浅入深,从易到难,对于每一个功能,都尽量用步骤分解图的形式给出操作流程,以方便读者理解和掌握所学内容。每章最后提供了针对本章所学知识的练习题,学与练的完美结合,可最大限度地提高实际应用技能。

　　本书几乎涵盖了 UG 的每个知识点和功能应用,让学习者轻松地从入门达到精通。

　　本书的出版得到了同仁的大力支持,在此表示诚挚的感谢!

　　由于编者水平有限,书中难免存在不足之处,希望广大读者批评指正,并不断改进!

编者

2021 年 4 月

目录 MULU

模块 1 草图

◀ **学习目标**

(1) 掌握草图创建及操作方法。

(2) 掌握草图常用的绘制方法与工具。

(3) 掌握草图的标注、约束方法。

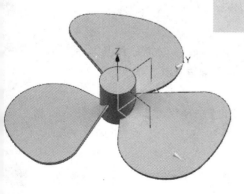

◀ 任务一 草图实例 1 的绘制 ▶

绘制图 1-1 所示的草图。

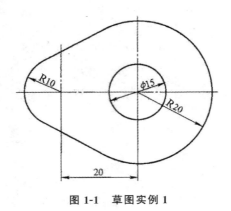

图 1-1 草图实例 1

（1）双击打开 UG NX 12.0 ，点击 ，名称输入【caotu1】，修改存储路径，点击【确定】按钮。

（2）点击 ，弹出图 1-2 所示的【创建草图】对话框，默认指定图 1-3 所示的 X-Y 平面，点击【确定】按钮。

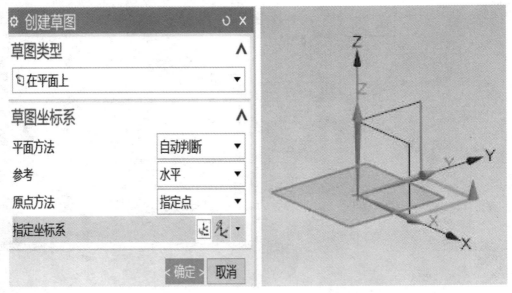

图 1-2 【创建草图】对话框　　　图 1-3 指定草图平面

（3）点击圆 ○，鼠标拾取原点，点击，绘制任意尺寸圆，点击【快速尺寸】，点击圆，输入数据 40（本书单位默认为毫米），如图 1-4 所示。

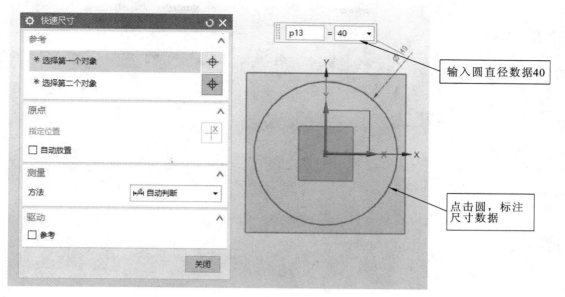

图 1-4 【快速尺寸】对话框

（4）同理，绘制实例图左侧直径为 20 的圆，如图 1-5 所示。

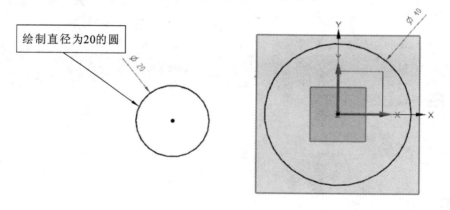

图 1-5 绘制直径为 20 的圆

（5）作两圆切线。点击直线 ✐，分别点击两圆切点相近的位置，画切线，如图 1-6 所示。

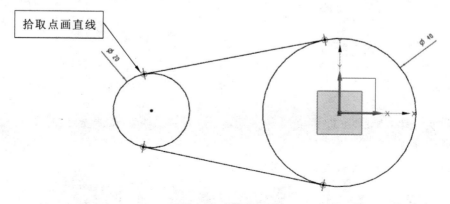

图 1-6 作两圆切线

（6）点击【快速尺寸】，约束两圆中心矩 20。分别点击两圆圆心，设置中心矩为 20，如图 1-7 所示。

（7）画 φ15 小圆。点击圆 ◯，拾取原点，画圆。点击【快速尺寸】 🔧，输入直径尺寸数据 15，如图 1-8 所示。

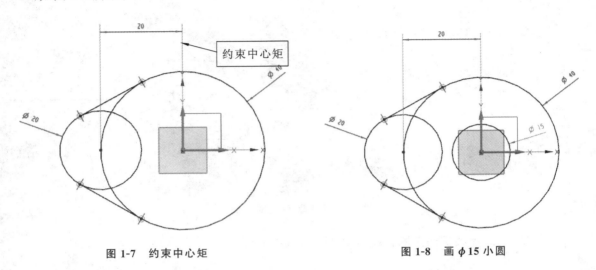

图 1-7　约束中心矩　　　　　　　　　　　　图 1-8　画 φ15 小圆

（8）约束 φ20 圆的圆心在 X 轴上。点击【几何约束】，弹出图 1-9 所示的对话框，点击【点在线上】 ↑，点击 X 轴，点击圆心，图形完全约束如图 1-10 所示。

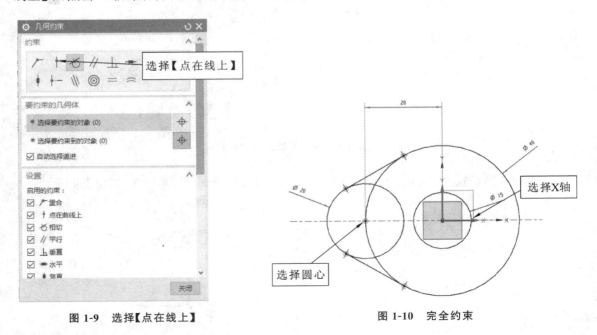

图 1-9　选择【点在线上】　　　　　　　　　图 1-10　完全约束

（9）修剪。点击 ✂，点击要修剪的曲线，修剪完成图如图 1-11 所示。

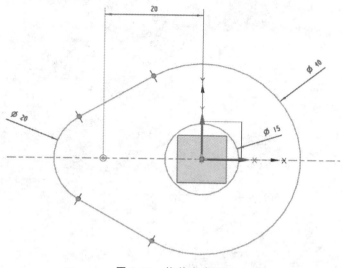

图 1-11 修剪完成图

◀ 任务二 草图实例 2 的绘制 ▶

绘制图 1-12 所示的草图。

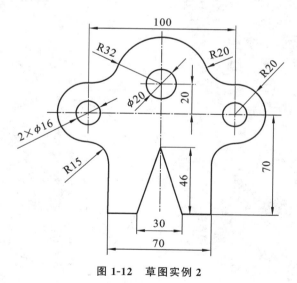

图 1-12 草图实例 2

（1）双击打开 UG NX 12.0 ，点击 ，名称输入【caotu2】，修改存储路径，点击【确定】按钮。

（2）点击 ，弹出图 1-13 所示的【创建草图】对话框，默认指定图 1-14 所示的 X-Y 平面，点击【确定】按钮。

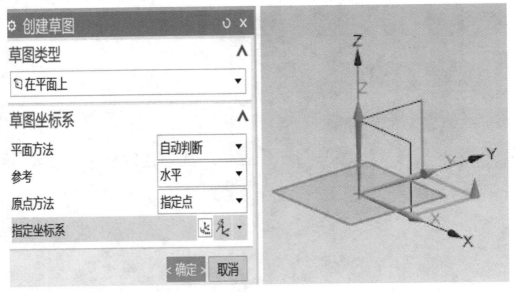

图 1-13　【创建草图】对话框　　　　　图 1-14　指定草图平面

（3）点击圆〇，鼠标拾取原点，点击，绘制两个任意尺寸的同心圆，点击【快速尺寸】，依次点击两个圆，分别输入直径数据 20、64，如图 1-15 所示。

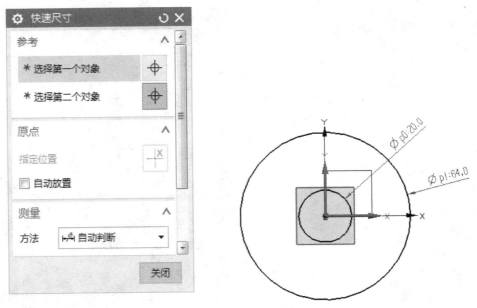

图 1-15　【快速尺寸】对话框

（4）同理，绘制另两个任意尺寸的同心圆，点击【快速尺寸】，依次点击两个圆，分别输入直径数据 16、40，如图 1-16 所示。

（5）点击【快速尺寸】 ，约束两组同心圆圆心 X 方向距离为 50，Y 方向距离为 20，如图 1-17 所示。

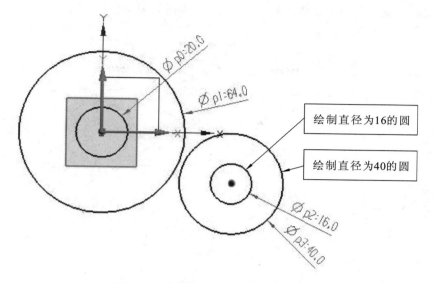

绘制直径为16的圆

绘制直径为40的圆

图 1-16　分别绘制直径为 16、40 的圆

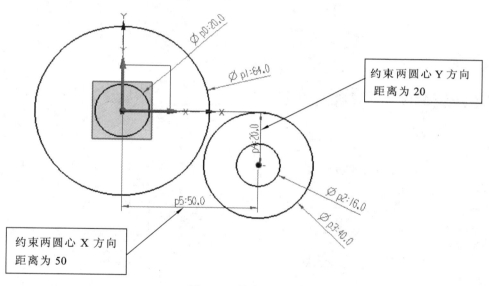

约束两圆心 Y 方向
距离为 20

约束两圆心 X 方向
距离为 50

图 1-17　约束中心矩

（6）点击轮廓 ，绘制图 1-18 所示的轮廓。

（7）点击【快速尺寸】 ，该轮廓尺寸约束如图 1-19 所示。

（8）点击几何约束 ，如图 1-20 所示。点击【点在线上】 ，点击直线端点，点击 Y 轴，约束端点在 Y 轴上，如图 1-21 所示。

（9）点击圆角 ，分别创建半径为 20、15 的圆角，如图 1-22 所示。

（10）点击镜像曲线 ，选择图 1-23 所示的 6 条高亮显示的曲线为要镜像的曲线，选择 Y 轴为中心线。镜像曲线完成后的效果如图 1-24 所示。

（11）点击快速修剪，点击要修剪的曲线，完成图如图 1-25 所示。

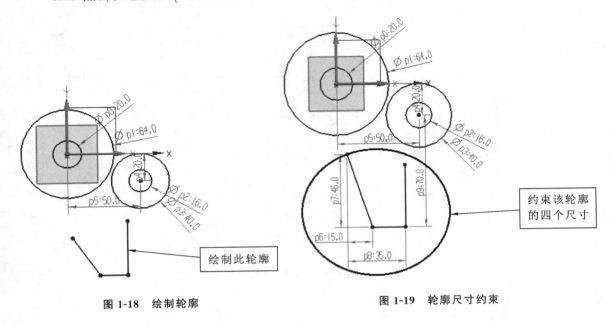

图 1-18　绘制轮廓　　　　　　　　　　图 1-19　轮廓尺寸约束

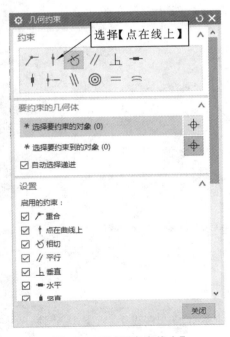

图 1-20　选择【点在线上】

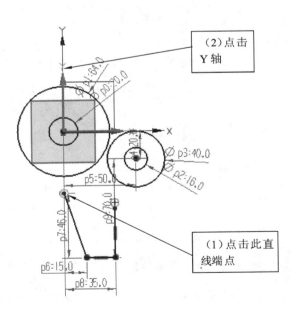

图 1-21　约束端点在 Y 轴上

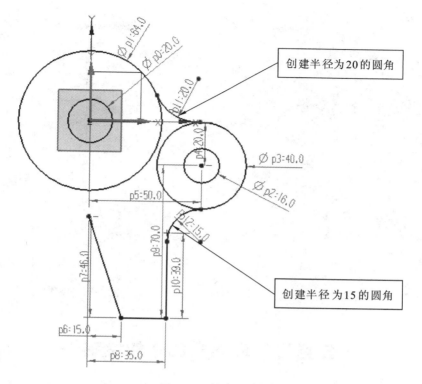

图 1-22　创建圆角

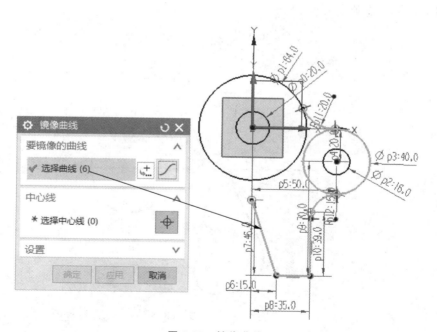

图 1-23　镜像曲线

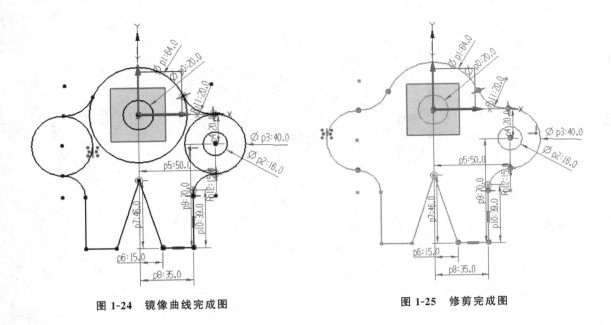

图 1-24　镜像曲线完成图　　　　　　　　图 1-25　修剪完成图

◀ **任务三　草图实例 3 的绘制** ▶

绘制图 1-26 所示的草图。

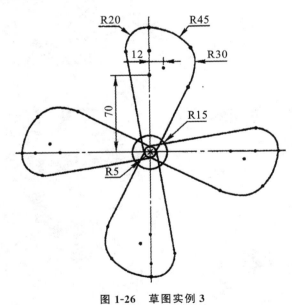

图 1-26　草图实例 3

（1）双击打开 UG NX 12.0 ，点击 ，名称输入【caotu3】，修改存储路径，点击【确定】
按钮。

（2）点击 ，弹出图 1-27 所示的【创建草图】对话框，默认指定图 1-28 所示的 X-Y 平面，点击【确定】按钮。

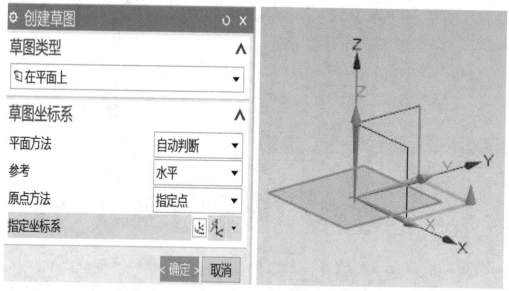

图 1-27 【创建草图】对话框   图 1-28 指定草图平面

（3）点击圆 ◯，鼠标拾取原点，点击，绘制两个任意尺寸的同心圆，点击【快速尺寸】，依次点击两个圆，分别输入直径数据 10、30，如图 1-29 所示。

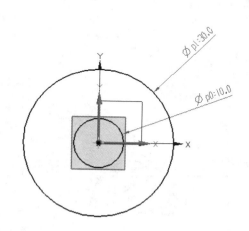

图 1-29 【快速尺寸】对话框

（4）点击轮廓 ⌇，点击【轮廓】对话框中的圆弧，如图 1-30 所示。绘制三个圆弧，快速标注半径分别为 20、45、30，如图 1-31 所示。

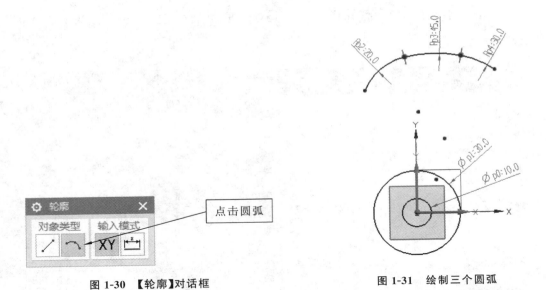

图 1-30　【轮廓】对话框　　　　　　　　　　图 1-31　绘制三个圆弧

（5）点击几何约束 ，点击【点在线上】，点击半径为 20 的圆弧圆心，点击 Y 轴，约束圆心在 Y 轴上。同理，点击半径为 45 的圆弧圆心，点击 Y 轴，约束圆心在 Y 轴上，如图 1-32 所示。

（6）点击【快速尺寸】 ，约束半径为 30 的圆弧圆心与 Y 轴的距离为 12，约束半径为 45 的圆弧圆心与原点的距离为 70。尺寸约束如图 1-33 所示。

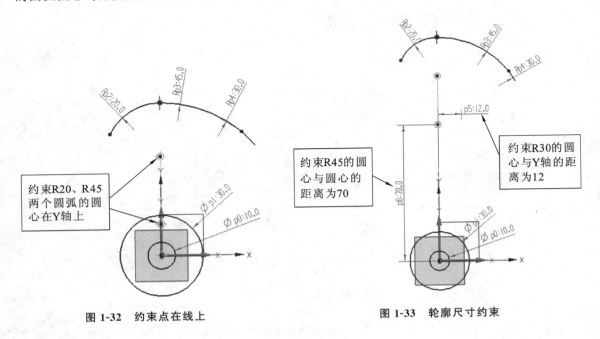

图 1-32　约束点在线上　　　　　　　　　　图 1-33　轮廓尺寸约束

（7）点击直线 ，绘制两条相切线，如图 1-34 和图 1-35 所示。

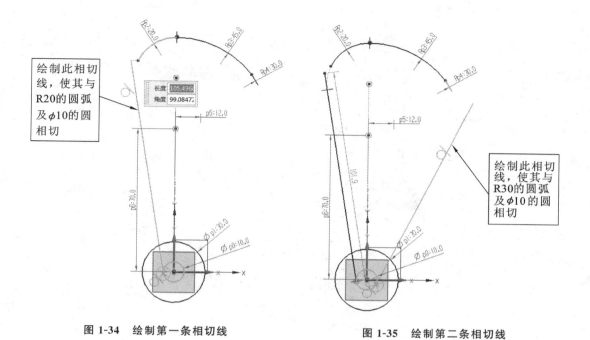

图 1-34 绘制第一条相切线

图 1-35 绘制第二条相切线

（8）点击快速延伸 ，分别选择半径为 20 的圆弧和半径为 30 的圆弧为要延伸的曲线，如图 1-36 所示。

（9）点击快速修剪 ，点击要修剪的曲线，修剪完成图如图 1-37 所示。

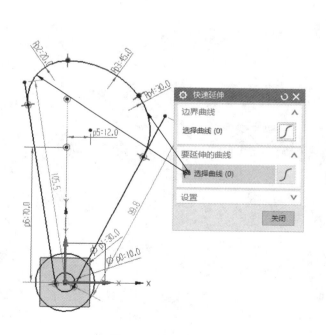

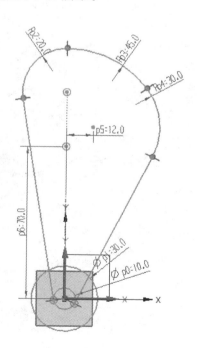

图 1-36 快速延伸

图 1-37 修剪完成图

（10）点击阵列曲线 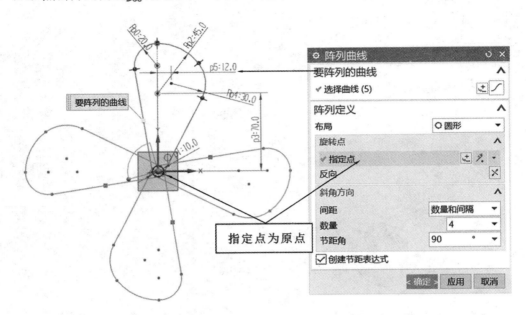 ，参照图 1-38 所示的【阵列曲线】对话框设置相关参数。

图 1-38　阵列曲线

（11）草图实例 3 的最终完成图如图 1-39 所示。

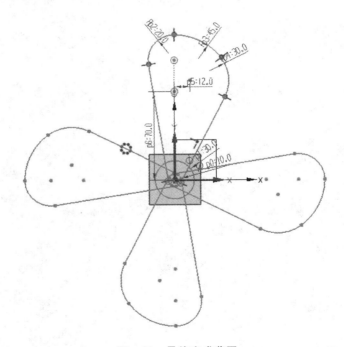

图 1-39　最终完成草图

练习题

按照尺寸绘制如图 1-40～图 1-48 所示的草图。

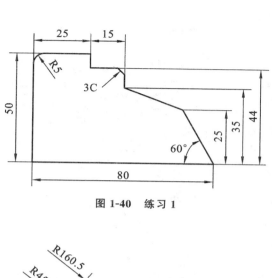

图 1-40 练习 1

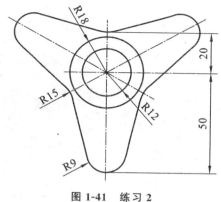

图 1-41 练习 2

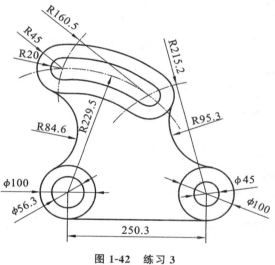

图 1-42 练习 3

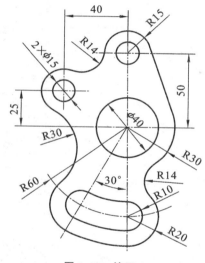

图 1-43 练习 4

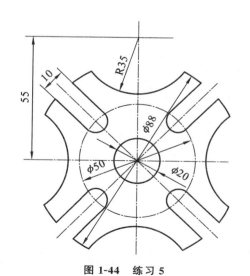

图 1-44 练习 5

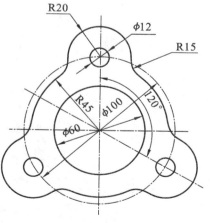

图 1-45 练习 6

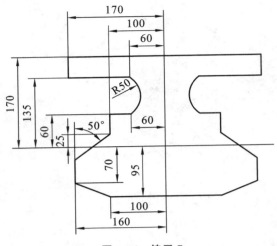

图 1-46 练习 7

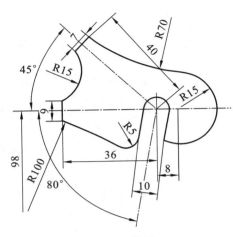

图 1-47 练习 8

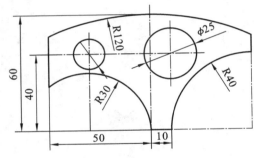

图 1-48 练习 9

模块 2

线框图绘制

◀ **学习目标**

(1) 掌握绘制曲线的基本方法及常用的曲线绘制工具。

(2) 掌握曲线操作及曲线编辑方法。

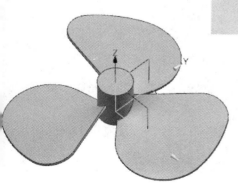

◀ 任务一　工程线框图的绘制 ▶

绘制图 2-1 所示的工程线框图。

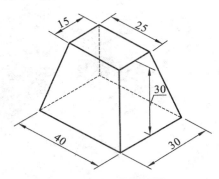

图 2-1　工程线框图

（1）双击打开 UG NX 12.0 ，点击 ，名称输入【xiankuangtu1】，修改存储路径，点击【确定】按钮。

（2）点击工具栏中的曲线工具，或者点击菜单【插入】→【曲线】→【矩形】▭，或者在工具栏空白处单击鼠标右键，在右键菜单中点击【插入】→【曲线】→【矩形】▭，弹出的对话框中默认为矩形顶点 1，点击【确定】按钮；定义矩形顶点 2，输入坐标(40,30,0)，点击【确定】按钮，如图 2-2 所示，完成图如图 2-3 所示。

图 2-2　【点】对话框

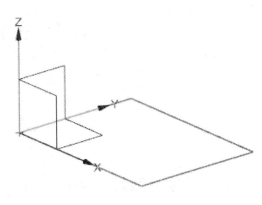

图 2-3　矩形完成图

（3）绘制上边的矩形。矩形顶点 1(7.5,7.5,30)，矩形顶点 2(32.5,22.5,30)，完成上边矩形的绘制，如图 2-4 所示。

（4）连接矩形顶点。点击直线 ╱，连接点 1 和点 2，完成第一条直线，点击【应用】按钮，完成图如图 2-5 所示。

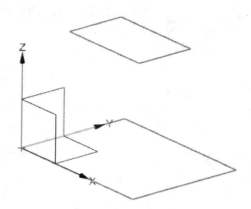

图 2-4 矩形绘制完成图

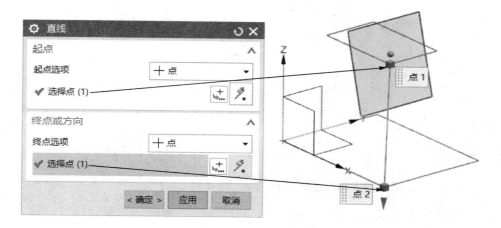

图 2-5 第一条直线绘制完成

（5）分别完成另外三条直线的绘制，完成图如图 2-6 所示。

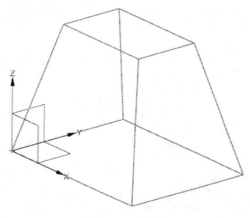

图 2-6 完成图

◀ 任务二　线框图实例 1 的绘制 ▶

绘制图 2-7 所示的线框图。

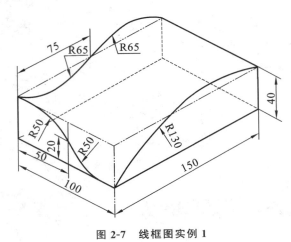

图 2-7　线框图实例 1

（1）双击打开 UG NX 12.0，点击，名称输入【xiankuangtu2】，修改存储路径，点击【确定】按钮。

（2）点击工具栏中的曲线工具，点击菜单【插入】→【曲线】→【矩形】，或者在工具栏空白处单击鼠标右键，在右键菜单中点击【插入】→【曲线】→【矩形】，弹出的对话框中默认矩形顶点 1，点击【确定】按钮；定义矩形顶点 2，输入坐标（100，150，0），点击【确定】按钮，如图 2-8 所示。

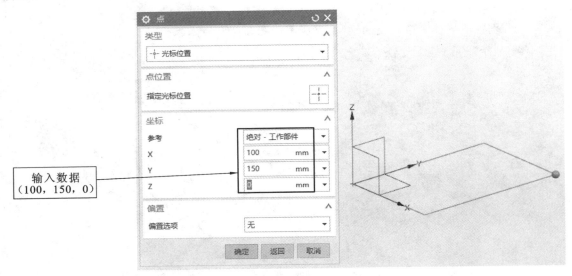

图 2-8　绘制矩形

（3）绘制上边的矩形。矩形顶点 1(0,0,40)，矩形顶点 2(100,150,40)，完成上边矩形的绘制，如图 2-9 所示。

（4）连接矩形顶点。点击直线 ∕，分别连接上、下两个矩形对应的顶点，点击【应用】按钮，完成图如图 2-10 所示。

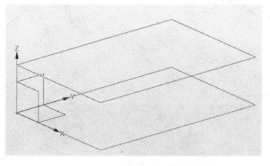

图 2-9　矩形绘制完成图

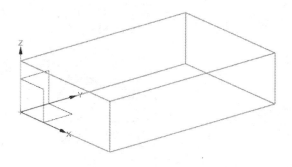

图 2-10　连接矩形顶点

（5）建立圆弧 R130。点击圆弧 ⌒，分别选择起点、端点（终点），输入半径值 130，点击【确定】按钮，如图 2-11 所示。如果系统默认给定圆弧没有出现图 2-11 所示图形，选择【补弧】或【备选解】，完成如图 2-12 所示的设置。

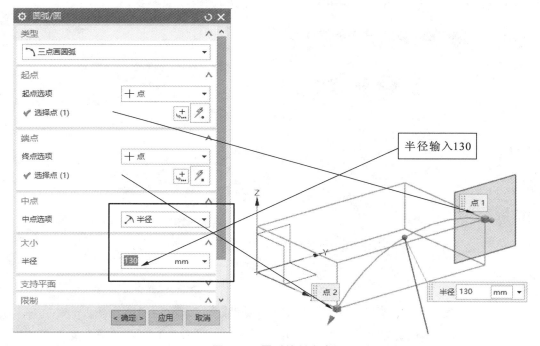

图 2-11　圆弧绘制完成图

（6）建立两个 R50 圆弧。做辅助直线，点击直线 ∕，分别拾取点 1（中点）和点 2（中点），如图 2-13 所示，点击【应用】按钮；点击圆弧 ⌒，分别选择起点、端点（终点），输入半径值 50，点击

图 2-12　补弧与备选解

【确定】按钮，如图 2-14 所示。如果系统默认给定圆弧没有出现图 2-14 所示图形，选择【补弧】或【备选解】，完成图 2-14 所示图形。绘制第二个 R50 圆弧，完成图如图 2-15 所示。

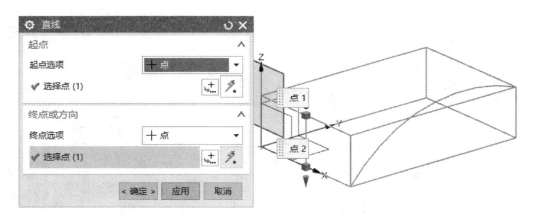

图 2-13　绘制辅助直线

（7）建立两个 R65 圆弧。建立 R65 圆弧与建立 R50 圆弧的方法相同。点击圆弧 ↰，分别选择起点（点 1）、端点（终点、点 2），输入半径值 65，点击【确定】按钮，如图 2-16 所示。

如果系统默认给定圆弧没有出现图 2-16 所示图形，选择【补弧】或【备选解】，完成图 2-16 所示图形。绘制第二个 R65 圆弧，完成图如图 2-17 所示。

注：若建立圆弧出现图 2-18 所示的建立圆弧不在设定平面上，选择【支持平面】→【指定平面】→【选择平面】，如图 2-19 所示，选择 Y-Z 平面即可。

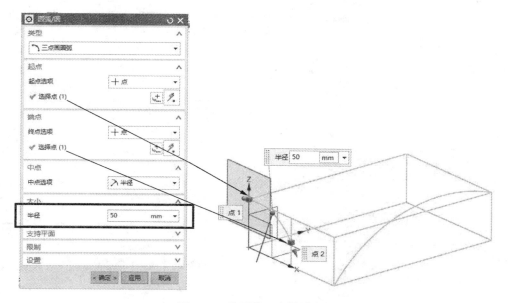

图 2-14 绘制第一个圆弧 R50

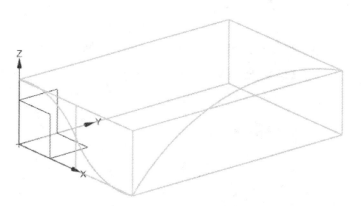

图 2-15 第二个 R50 圆弧绘制完成图

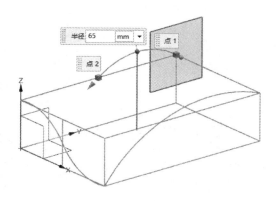

图 2-16 绘制第一个圆弧 R65

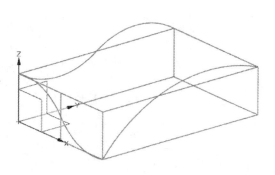

图 2-17 第二个 R65 圆弧绘制完成图

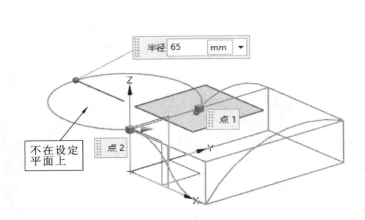

图 2-18　圆弧不在设定平面图上　　　　　图 2-19　指定圆弧所在平面

（8）实线改虚线。将图形中部分实线变成虚线显示。选择要变成虚线的 7 条直线，右击，在弹出的快捷菜单中选择【编辑显示】，在弹出的对话框中将线型改成虚线显示，完成图如图 2-20 所示。

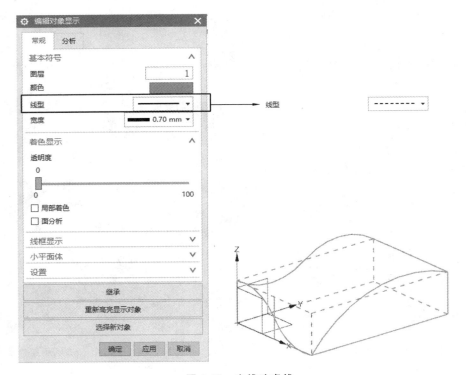

图 2-20　实线改虚线

（9）整理图形。选择直线及坐标系，点击右键将其隐藏，完成图如图 2-21 所示。

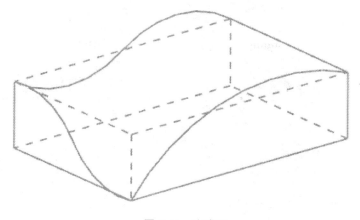

图 2-21　完成图

◀ 任务三　线框图实例 2 的绘制 ▶

绘制图 2-22 所示的线框图。

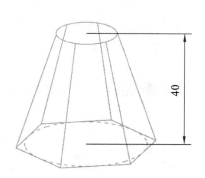 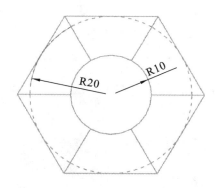

图 2-22　线框图实例 2

（1）双击打开 UG NX 12.0 ，点击 ，名称输入【xiankuangtu3】，修改存储路径，点击【确定】按钮。

（2）绘制 R10 的圆。点击工具栏中的曲线工具，或者点击菜单【插入】→【曲线】→【基本曲线】，或者在工具栏空白处单击鼠标右键，在右键菜单中点击【插入】→【曲线】→【基本曲线】，在弹出的对话框中选择圆，如图 2-23 所示，点击【点方法】，选择【点构造器】，输入数据（0,0,40），如图 2-24 所示，点击【确定】按钮，输入圆上的点数据为（10,0,40），点击【确定】按钮，完成 R10 整圆的绘制。

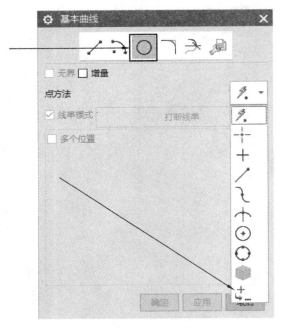

图 2-23 【基本曲线】对话框

图 2-24 点构造器

（3）绘制正六边形。点击工具栏中的曲线工具，或者点击菜单【插入】→【曲线】→【多边形】，弹出的对话框如图 2-25 所示，定义多边形边数为 6，点击【确定】按钮；弹出的多边形创建方法对话框如图 2-26 所示，选择【内切圆半径】，点击【确定】按钮；弹出的多边形参数对话框如图 2-27 所示，设置内切圆半径 20，方位角 0，点击【确定】按钮；弹出的点构造器如图 2-28 所示，输入数值（0,0,0），确定多边形原点，点击【确定】按钮，完成多边形的绘制，如图 2-29 所示。

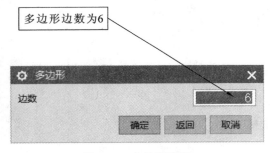

图 2-25 多边形边数

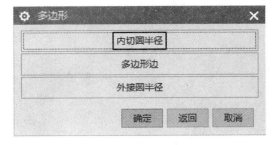

图 2-26 多边形创建方法

（4）作正六边形的对角线。点击直线 ∕，连接正六边形的对角线，如图 2-30 所示。

（5）投影曲线到圆上。点击【曲线】→【投影曲线】，在弹出的【投影曲线】对话框中，【要投影的曲线或点】选择图 2-31 中的正六边形的两条对角线，【要投影的对象】选择"按某一距离"，选择 X-Y 平面，距离输入 40，投影到圆所在平面，如图 2-31 所示，点击【确定】按钮。

（6）用直线连接正六边形的六个顶点与圆上的对应点。点击【曲线】→【直线】，上边圆选择交点，正六边形选择对应的顶点，如图 2-32 所示。

图 2-27 多边形参数

图 2-28 多边形原点

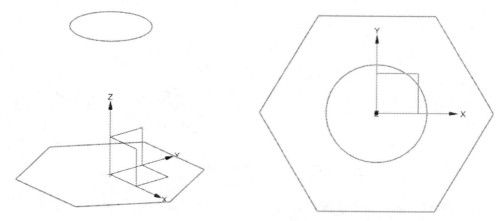

图 2-29 正六边形完成图

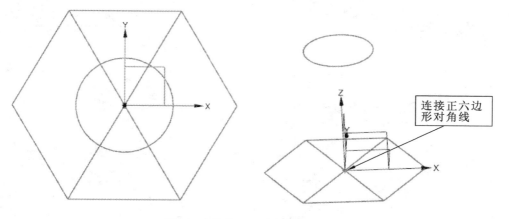

连接正六边
形对角线

图 2-30 连接正六边形的对角线

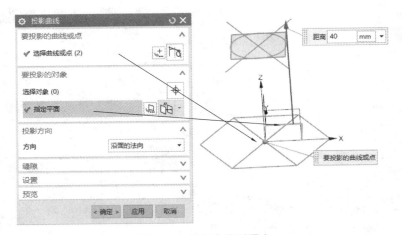

图 2-31　投影曲线到圆上

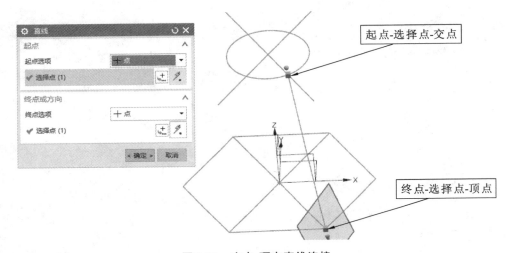

图 2-32　交点-顶点直线连接

点击【曲线】→【直线】,上边圆选择象限点,正六边形选择对应的顶点,如图 2-33 所示。

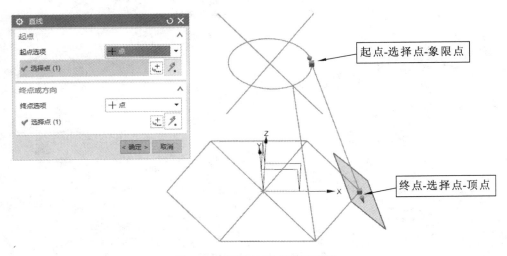

图 2-33　象限点-顶点直线连接

按同样的方法完成其他直线的绘制,完成图如图 2-34 所示。

(7)整理图形。点击正六边形的对角线与投影线,右击将其隐藏,整理后的完成图如图 2-35 所示。

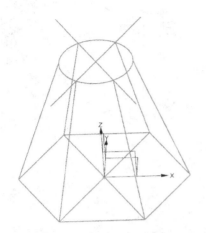

图 2-34 直线绘制完成图

图 2-35 整理后的完成图

练习题

按照尺寸绘制图 2-36~图 2-39。

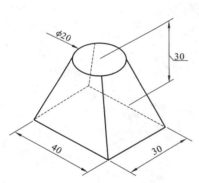

图 2-36 练习 1

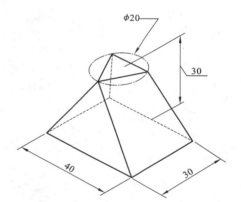

图 2-37 练习 2

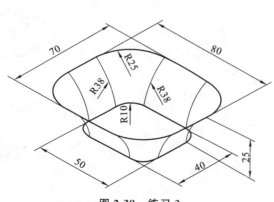

图 2-38 练习 3

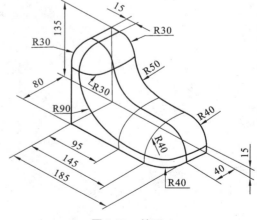

图 2-39 练习 4

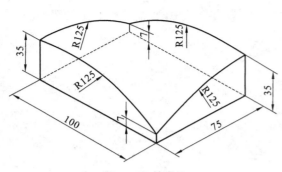

图 2-40　练习 5

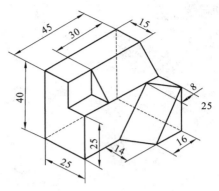

图 2-41　练习 6

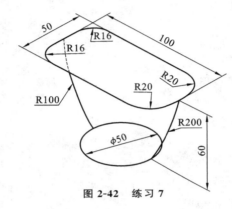

图 2-42　练习 7

模块 3

实体建模

◀ **学习目标**

　　(1) 掌握常用实体建模的基本命令操作。

　　(2) 掌握常用实体建模的编辑命令操作。

　　(3) 掌握实体建模方法。

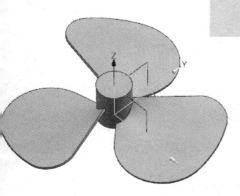

◀ 任务一　实体 1 的建模 ▶

根据图 3-1 所示图纸,完成实体 1 的建模。

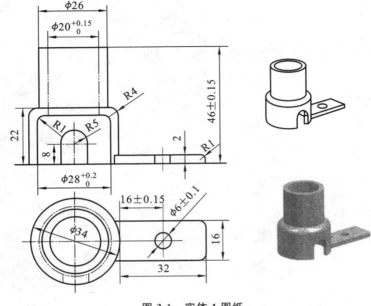

图 3-1　实体 1 图纸

（1）在 X-Y 平面上创建图 3-2 所示的草图轮廓。

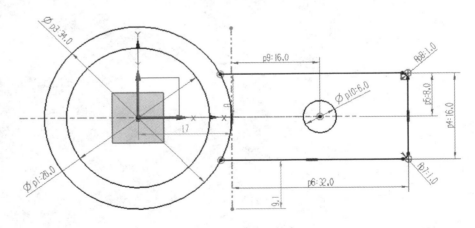

图 3-2　创建草图轮廓一

（2）拉伸第一个草图截面,如图 3-3 所示。

（3）拉伸第二个草图截面,并与上一步骤拉伸的实体进行布尔求和,如图 3-4 所示。

（4）创建孔特征,形状为沉头孔,并与之前的实体进行布尔求差,尺寸设置如图 3-5 所示,沉头孔特征完成效果图如图 3-6 所示。

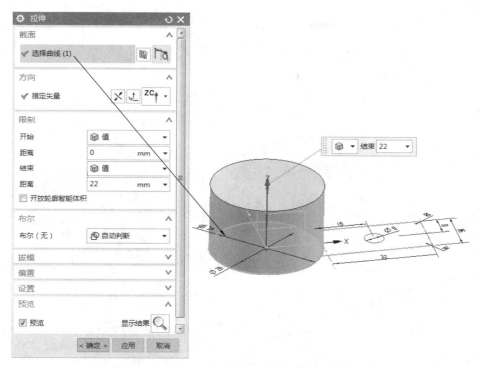

图 3-3 拉伸第一个草图截面

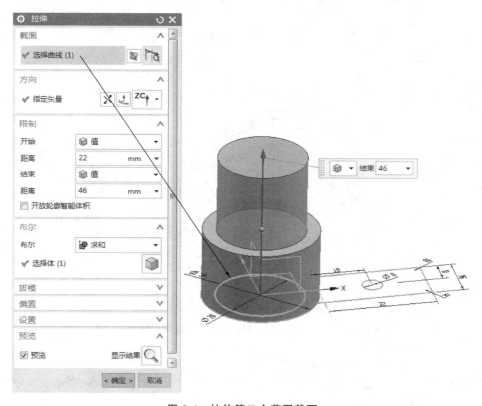

图 3-4 拉伸第二个草图截面

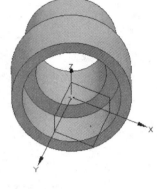

图 3-5   创建沉头孔特征   图 3-6   创建沉头孔特征完成效果图

（5）拉伸第三个草图截面，并与之前的实体进行布尔求和，如图 3-7 所示。

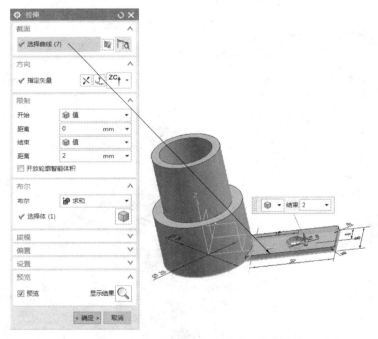

图 3-7   拉伸第三个草图截面并与之前的实体进行布尔求和

（6）在 X-Z 平面上创建图 3-8 所示的草图轮廓。

（7）拉伸上一步骤创建的草图轮廓，并与之前的实体进行布尔求差，如图 3-9 所示，拉伸完成图如图 3-10 所示。

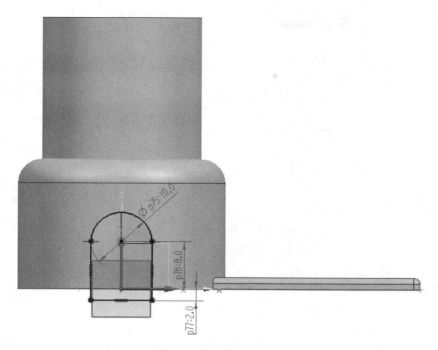

图 3-8 创建草图轮廓二

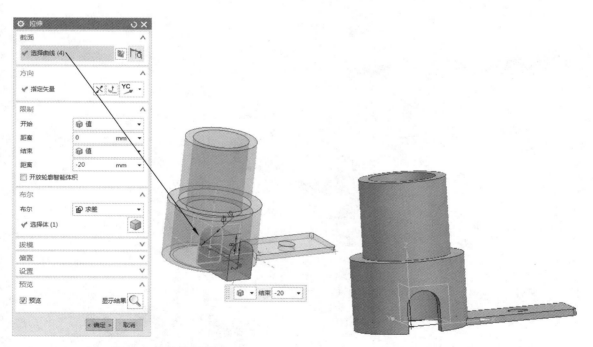

图 3-9 拉伸草图轮廓二   图 3-10 草图轮廓二拉伸完成图

（8）创建第一个圆角特征 R4，如图 3-11 所示。

（9）创建第二个圆角特征 R1，如图 3-12 所示。

（10）创建第三个圆角特征 R1，如图 3-13 所示。

（11）实体 1 最终模型如图 3-14 所示。

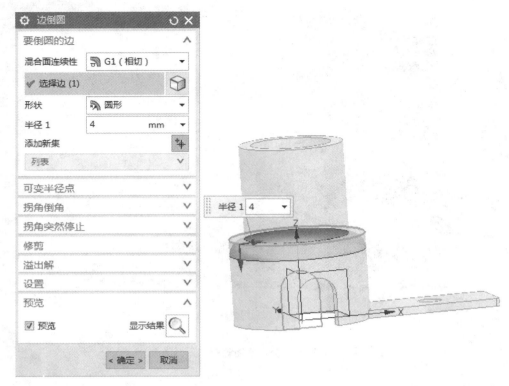

图 3-11　创建第一个圆角特征

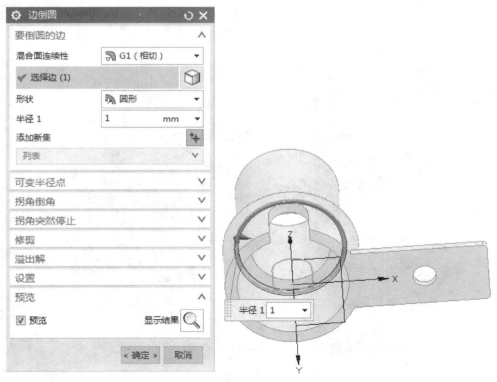

图 3-12　创建第二个圆角特征

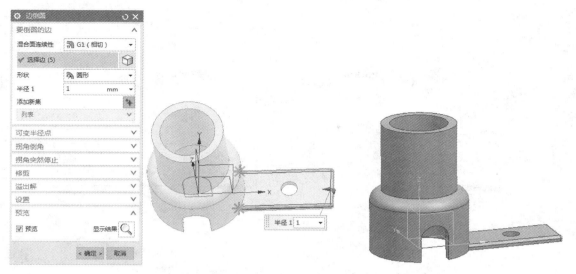

图 3-13　创建第三个圆角特征　　　　　　　图 3-14　实体 1 最终模型

◀ 任务二　实体 2 的建模 ▶

根据图 3-15 所示图纸,完成实体 2 的建模。

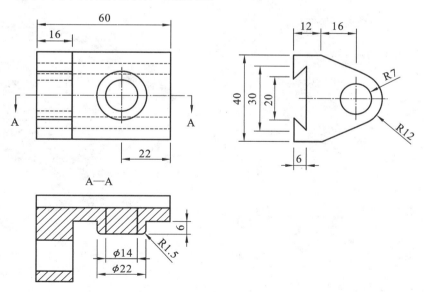

图 3-15　实体 2 图纸

（1）在 X-Z 平面上创建图 3-16 所示的第一个草图轮廓。

（2）在 X-Y 平面上创建图 3-17 所示的第二个草图轮廓。

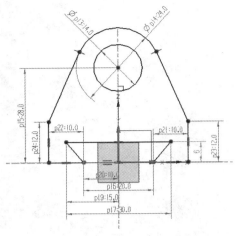

图 3-16　创建第一个草图轮廓

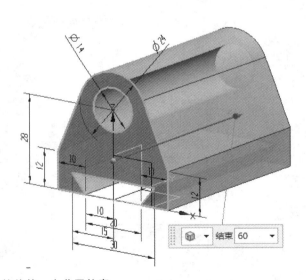

图 3-17　创建第二个草图轮廓

（3）拉伸第一个草图轮廓，如图 3-18 所示。

图 3-18　拉伸第一个草图轮廓

（4）拉伸第二个草图轮廓，如图 3-19 所示。

（5）求出两个实体共有的部分，即布尔相交，如图 3-20 所示。

（6）相交后的效果如图 3-21 所示。

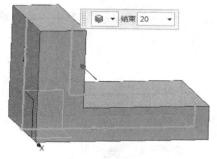

图 3-19　拉伸第二个草图轮廓

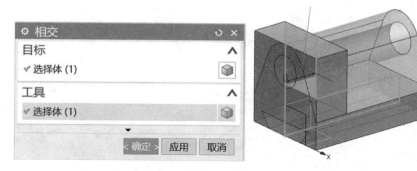

图 3-20　布尔相交

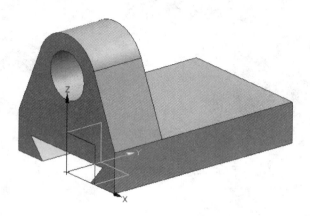

图 3-21　相交后的效果图

（7）选择图 3-22 所示的平面作为草图平面，创建第三个草图轮廓，如图 3-23 所示。

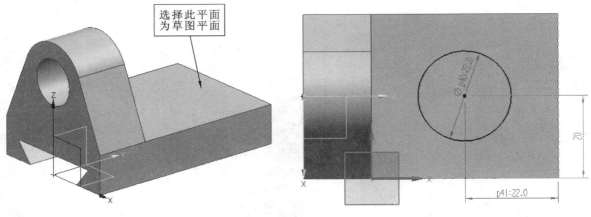

图 3-22　选择草图平面　　　　　　　　图 3-23　创建第三个草图轮廓

（8）拉伸第三个草图轮廓，并与之前的几何体求和，如图 3-24 所示。

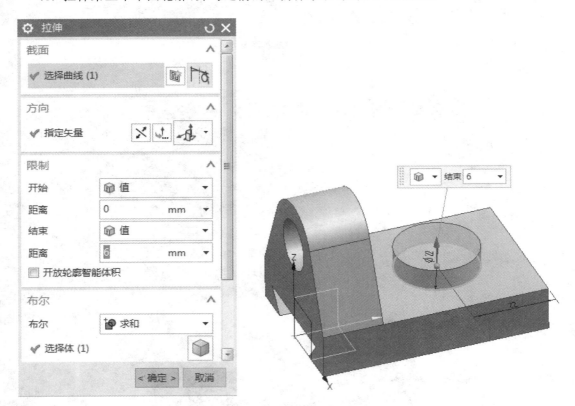

图 3-24　拉伸第三个草图轮廓

（9）创建孔特征，如图 3-25 所示，简单孔特征完成图如图 3-26 所示。

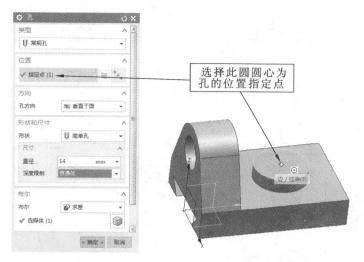

图 3-25 创建简单孔特征

图 3-26 创建简单孔特征完成图

（10）创建边倒圆特征，如图 3-27 所示。

（11）实体 2 最终模型如图 3-28 所示。

图 3-27 创建边倒圆特征

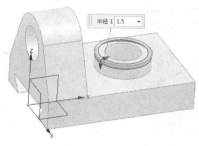

图 3-28 实体 2 最终模型

◀ 任务三　实体3的建模 ▶

根据图 3-29 所示图纸,完成实体 3 的建模。

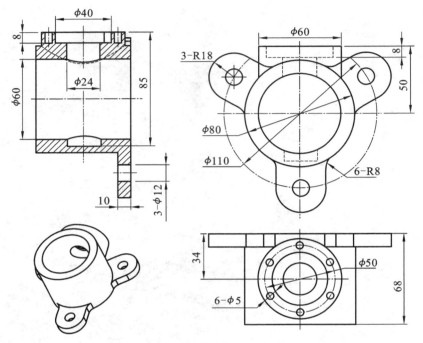

图 3-29　实体 3 图纸

(1) 在 X-Y 平面上创建图 3-30 所示的草图轮廓。

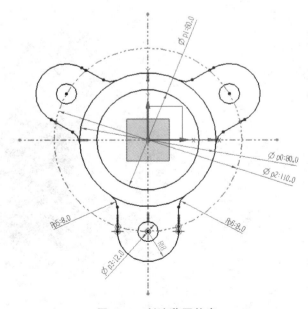

图 3-30　创建草图轮廓

（2）拉伸第一个草图截面，如图 3-31 所示。

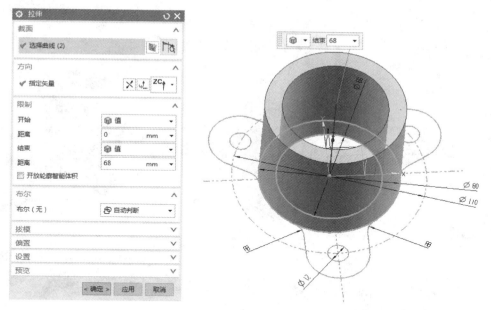

图 3-31 拉伸第一个草图截面

（3）拉伸第二个草图截面，如图 3-32 所示。

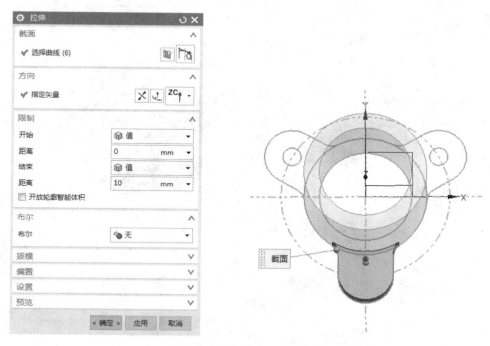

图 3-32 拉伸第二个草图截面

（4）创建孔特征，形状为简单孔，如图 3-33 所示，简单孔特征完成效果图如图 3-34 所示。

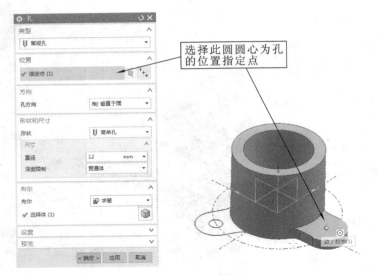

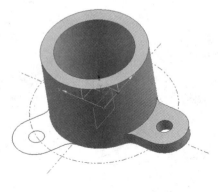

图 3-33 创建简单孔特征

图 3-34 创建简单孔特征后的效果图

（5）创建阵列特征，如图 3-35 所示。

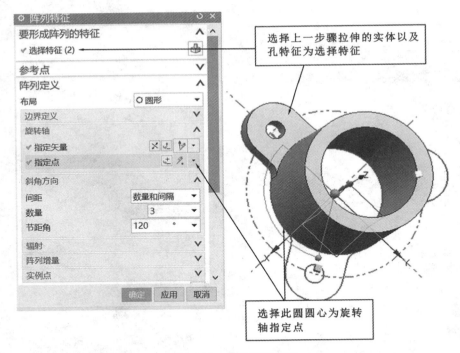

图 3-35 创建阵列特征

（6）阵列特征后的效果如图 3-36 所示。

（7）合并所有的实体，合并后的效果图如图 3-37 所示。

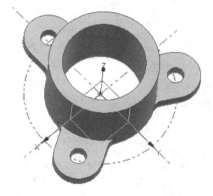

图 3-36 阵列特征后的效果图

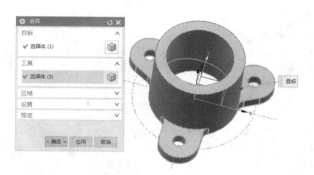

图 3-37 合并后的效果图

（8）在 X-Z 平面上创建图 3-38 所示的草图轮廓。

（9）拉伸上一步骤创建的草图截面，如图 3-39 所示。

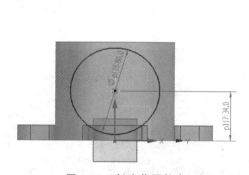

图 3-38 创建草图轮廓

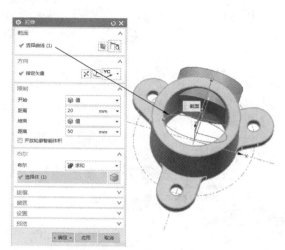

图 3-39 拉伸草图截面

（10）替换面，如图 3-40 所示，替换面完成图如图 3-41 所示。

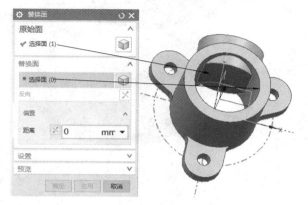

图 3-40 替换面

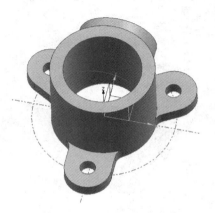

图 3-41 替换面完成图

（11）创建孔特征，形状为沉头孔，尺寸设置如图 3-42 所示，沉头孔特征完成效果图如图 3-43 所示。

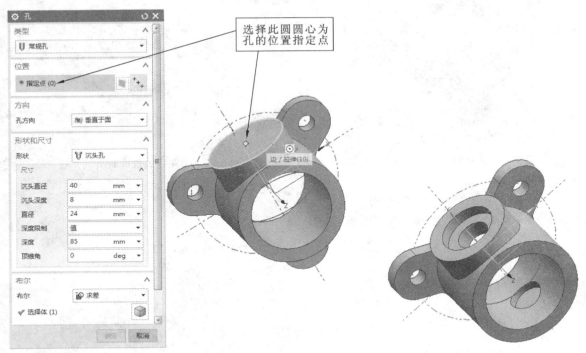

图 3-42　创建沉头孔特征　　　　　　　　　图 3-43　创建沉头孔特征效果图

（12）选择图 3-44 所示平面作为草图平面，创建图 3-45 所示草图轮廓。

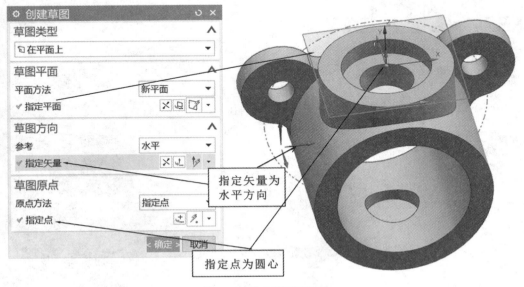

图 3-44　选择草图平面

（13）创建孔特征，形状为简单孔，尺寸设置如图 3-46 所示。

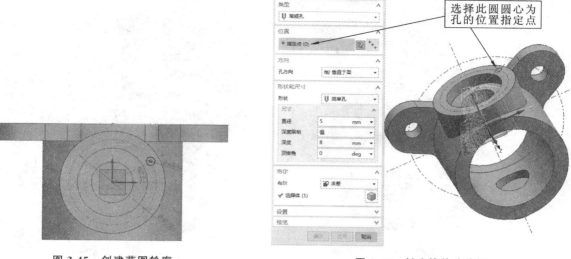

图 3-45　创建草图轮廓

图 3-46　创建简单孔特征

（14）创建阵列特征，如图 3-47 所示。

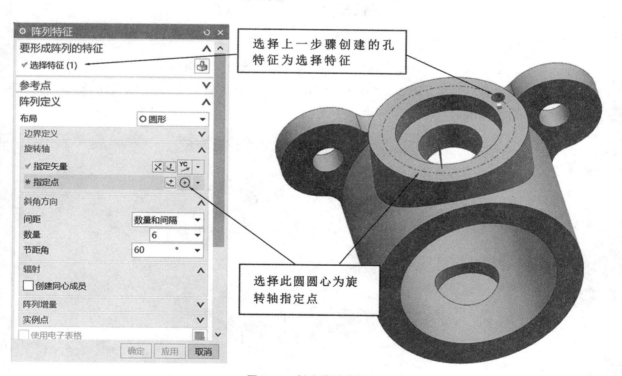

图 3-47　创建阵列特征

（15）阵列特征后的效果图如图 3-48 所示。

（16）实体 3 最终模型如图 3-49 所示。

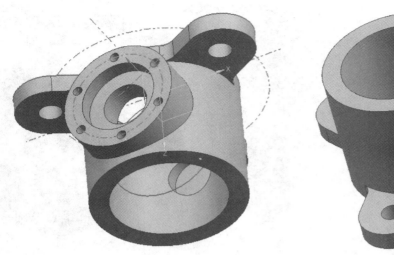

图 3-48　阵列特征后的效果图

图 3-49　实体 3 最终模型

◀ 任务四　蜗轮设计 ▶

涡轮设计是指在 UG NX 12.0 环境下对一涡轮模型进行草图操作、实体建模操作。蜗轮模型(见图 3-50)设计涉及很多建模命令操作,包括圆柱、沟槽、倒斜角、孔、扫掠、变换、布尔运算、实例特征等诸多操作。

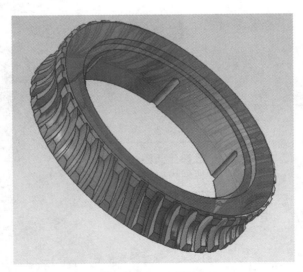

图 3-50　蜗轮模型

1. 模型分析

本实例创建的蜗轮,蜗轮模数为 8,法面模数为 7.845,压力角为 14.5°,轴向齿距为 24.6,分度圆直径为 320,齿顶圆直径为 336,齿根圆直径为 300.8。下面根据这些参数创建蜗轮。

2. 设计过程

（1）创建圆柱。新建文件【蜗轮】，点击【圆柱】→输入直径 336、高度 72（见图 3-51）→点击【指定点】，指定圆柱的起始点(0，0，−36)（见图 3-52）。

图 3-51　【圆柱】对话框

图 3-52　【点】对话框

（2）创建槽。点击【槽】 →【球形端槽】（见图 3-53 和图 3-54）→放置面为圆柱面→定位尺寸距离上表面 5.5 mm，如图 3-55 所示。

图 3-53　【槽】对话框

图 3-54　球形端槽尺寸

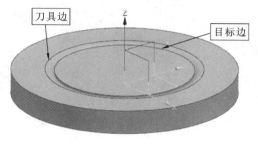

图 3-55　槽定位

（3）创建倒斜角。点击【主页】→【倒斜角】🗔，点击上、下边缘，选择横截面为非对称，输入距离 1 为 5，输入距离 2 为 3，倒斜角参数设置如图 3-56 所示。

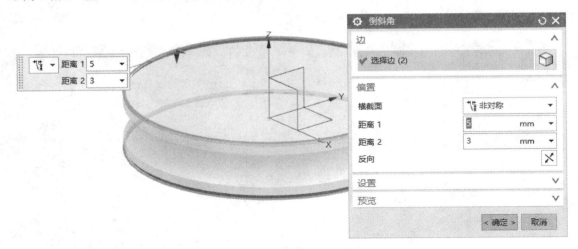

图 3-56 【倒斜角】对话框

（4）创建沉头孔。点击【主页】→【孔】🗔，孔形状选择【沉头孔】，沉头直径 270，沉头深度 10，孔直径 250，孔深度 100，点击【应用】【确定】按钮，参数设置如图 3-57 所示。

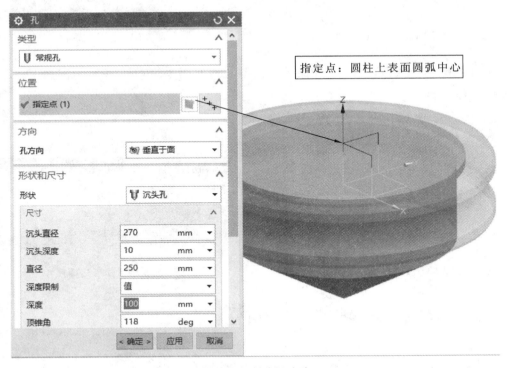

图 3-57 创建沉头孔

（5）旋转 WCS。点击【主页】→【基准 CSYS】📐，参考选择【绝对-显示部件】，点击 Y 到 Z 之间的旋转球，角度输入 20，参数设置如图 3-58 所示，点击【确定】按钮。

图 3-58 旋转 WCS

（6）绘制草图。点击【主页】→【草图】，点击 X-Z 平面，点击【新平面】，指定矢量为水平方向，指定点为草图原点（见图 3-59）→绘制圆弧（见图 3-60）。

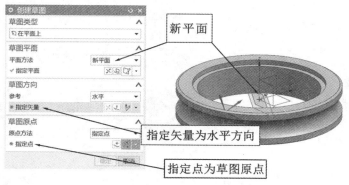

图 3-59 【创建草图】对话框

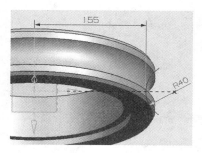

图 3-60 绘制圆弧

（7）创建草图。再次进入 WCSX-Y 平面（见图 3-61）→绘制草图（见图 3-62）→选择【镜像曲线】，【镜像中心线】选择 X 轴，【要镜像的曲线】选择已绘制的三条曲线，镜像完成图如图 3-63所示→点击【确定】按钮完成草图的绘制。

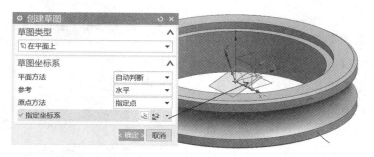

图 3-61 选择草图平面

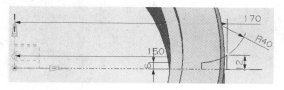

图 3-62 绘制草图

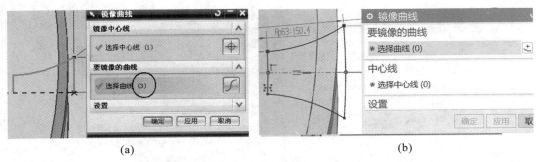

(a)　　　　　　　　　　　(b)

图 3-63　【镜像曲线】对话框及镜像完成图

（8）扫掠。点击【曲面】→【扫掠】→选择截面曲线 6 条（见图 3-64）→引导线 1 条，圆弧→扫掠完成图如图 3-65 所示。

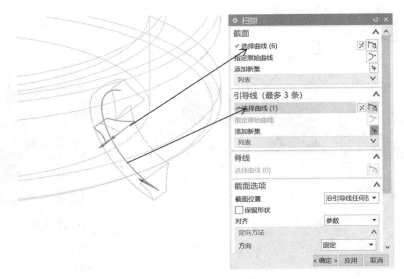

图 3-64　【扫掠】对话框

（9）变换。点击【变换】→选择变换对象（见图 3-66），点击【确定】按钮→点击【绕直线旋转】（见图 3-67），点击【确定】按钮→点击【点和矢量】（见图 3-68），点选择原点，矢量选择 Z 轴，点击【确定】按钮→变换角度输入 360/40（见图 3-69），点击【确定】按钮→选择【多个副本-可用】（见图 3-70），点击【确定】按钮→输入 39（见图 3-71），点击【确定】按钮，生成图 3-72 所示的效果。

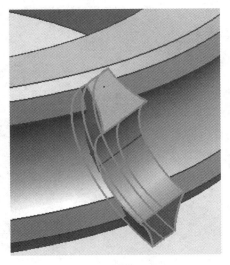

图 3-65　扫掠完成图

图 3-66 【变换】选择对象对话框

图 3-67 【变换】对话框

图 3-68 选择变换方向

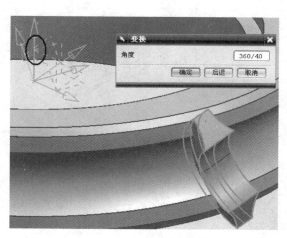

图 3-69 输入变换角度

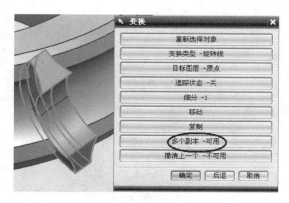

图 3-70 变换多个副本

图 3-71 输入变换副本数

图 3-72　变换完成图

（10）求差。目标体（内实体）和刀具（外实体 40 个）如图 3-73 所示，求差后生成图 3-74 所示的图形。

图 3-73　【求差】对话框

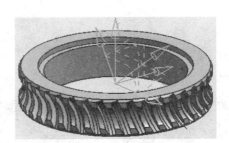

图 3-74　求差完成图

（11）打孔。打孔参数（10，50，118）如图 3-75 所示，定位尺寸孔中心到 Z 轴的距离为 125（见图 3-76），点击【确定】按钮，完成第一个孔。

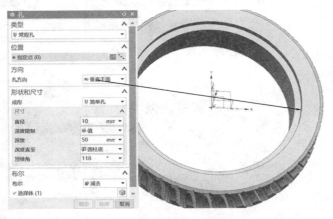

图 3-75　【孔】对话框

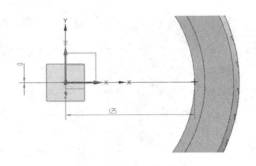

图 3-76　孔中心定位尺寸

（12）阵列特征。点击【主页】→【阵列特征】，如图 3-77 所示，选择特征为孔，圆形阵列，指定矢量为 Z 向，斜角方向中数量为 6，节距角为 60，点击【确定】按钮，生成蜗轮。

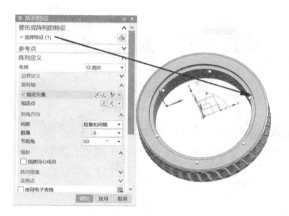

图 3-77 【阵列特征】对话框

（13）整理图形。点击【视图】→【显示和隐藏】→全部"－"，实体"＋"（见图 3-78），完成图如图 3-79 所示。

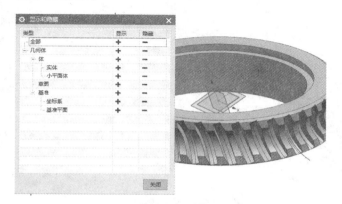

图 3-78 【显示和隐藏】对话框

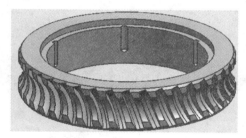

图 3-79 蜗轮实体生成图

（14）颜色设定。点击菜单【编辑】→【对象显示】→【类选择】中将实体选中，点击【确定】按钮→【编辑对象显示】中选择颜色（见图 3-80）→点击【应用】【确定】按钮。完成的蜗轮模型如图 3-81 所示。

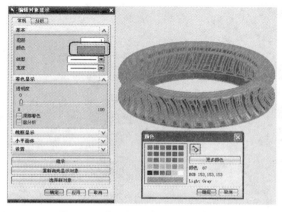

图 3-80 【编辑对象显示】对话框

图 3-81 蜗轮模型

◀ 任务五　曲轴设计 ▶

1. 模型分析

曲轴(见图 3-82)的设计流程如下：

将模型分块,建立一部分模型后,通过镜像来完成相同的部分,再通过凸台、键槽、螺纹等操作完成图形。

2. 设计过程

(1) 新建。点击【新建】,系统弹出【新建】对话框。在【文件名】文本框中输入【曲轴】,单位选择毫米,点击【确定】按钮,即可创建部件文件。

(2) 创建第一个圆柱。点击【主页】→【圆柱】 →绘制直径 30、高度 21 的圆柱(见图 3-83)。

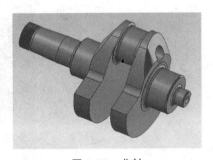

图 3-82　曲轴

图 3-83　【圆柱】对话框

(3) 创建第二个圆柱。点击【主页】→【圆柱】,设置圆柱参数:直径为 70,高度为 40.5,指定矢量为 Z 向,指定点为第一个圆柱上表面圆心,如图 3-84 所示。

图 3-84　【圆柱】对话框

（4）创建第三个圆柱。点击【主页】→【圆柱】 ，设置圆柱参数：直径为 90，高度为 1，指定矢量为 Z 向，指定点为第二个圆柱上表面圆心。

（5）绘制草图。点击【主页】→【草图】 ，进入草图界面，绘制图 3-85 所示草图。

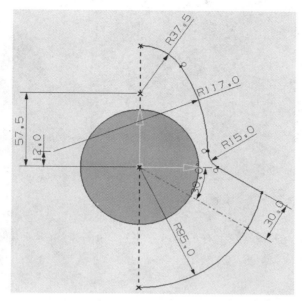

图 3-85　绘制草图

（6）拉伸。将图 3-85 所示草图拉伸，点击【主页】→【拉伸】 ，拉伸参数开始值 0，结束值 29，布尔求和，参数设置如图 3-86 所示。

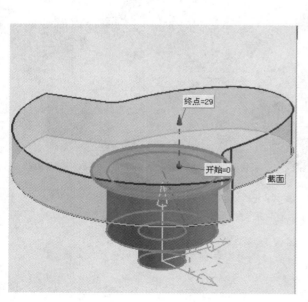

图 3-86　【拉伸】对话框

(7) 绘制草图。点击【主页】→【草图】 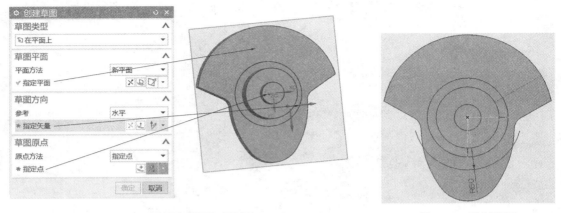，进入草图界面，点击图 3-87 所示的草图平面，绘制图 3-88 所示草图。

图 3-87 【创建草图】对话框   图 3-88 绘制草图

(8) 建立基准平面。建立相互垂直的两基准平面，如图 3-89 所示，建立基准轴，即两个相互垂直的基准平面的相交线，如图 3-90 所示。

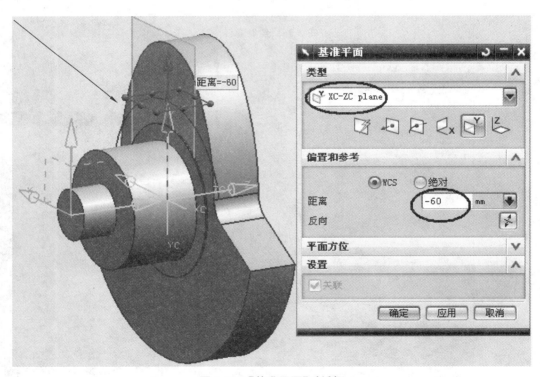

图 3-89 【基准平面】对话框

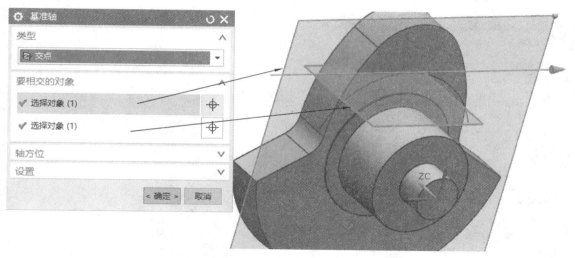

图 3-90 【基准轴】对话框

（9）建立基准平面。平面对象为已建基准平面,线性对象为已建基准轴,参数设置如图 3-91 所示。

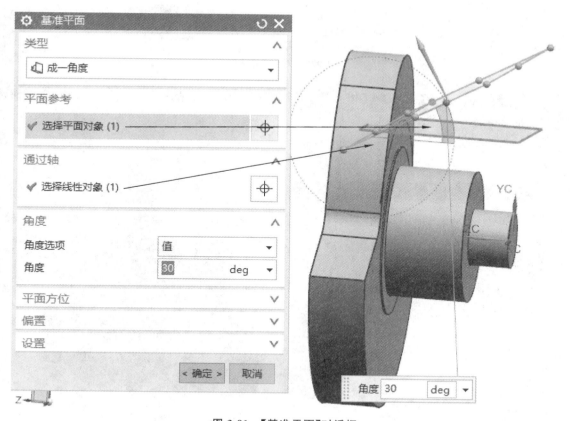

图 3-91 【基准平面】对话框

（10）拉伸。点击【主页】→【拉伸】，选择曲线及指定矢量如图 3-92 所示。注意指定矢量是最后我们建立的基准平面的法向方向。拉伸开始值为 0,结束值为 60。

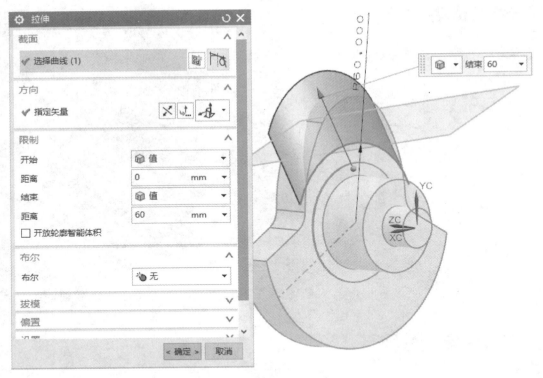

图 3-92 【拉伸】对话框

（11）修剪体。点击【主页】→【修剪体】🔲，目标选择体为已建整体，工具选择面或平面，如图 3-93 所示。

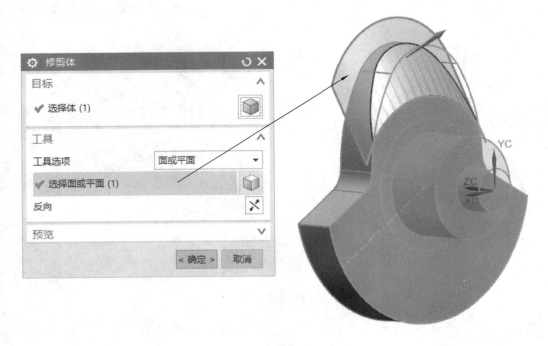

图 3-93 【修剪体】对话框

（12）圆柱。点击【主页】→【圆柱】 🛢 ，建立直径为 80、高度为 1 的圆柱，参数设置如图 3-94 所示。

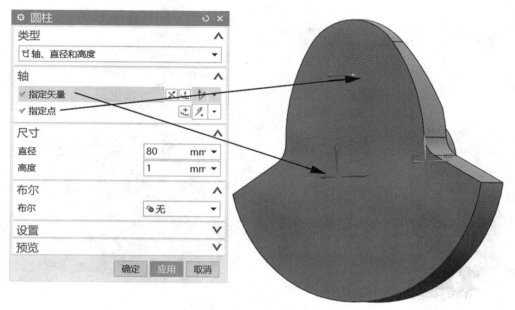

图 3-94 【圆柱】对话框

（13）拉伸。点击【主页】→【拉伸】🔲 ，拉伸已绘制完的 4 条弧线，拉伸开始值为 0，结束值为 60，如图 3-95 所示。

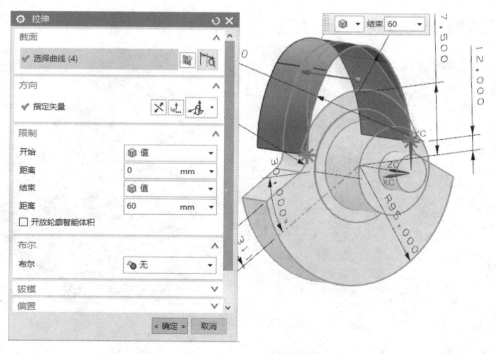

图 3-95 【拉伸】对话框

（14）修剪体。点击【主页】→【修剪体】▥，选择体为已建实体，工具选择面或平面，如图 3-96 所示。

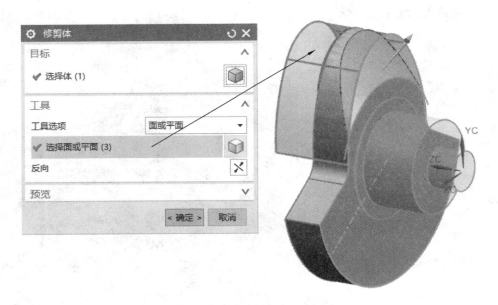

图 3-96　【修剪体】对话框

（15）圆柱。点击【主页】→【圆柱】▯，设置圆柱参数：直径为 65，高度为 38，指定矢量为 Z 向，指定点为上一个圆柱上表面圆心，如图 3-97 所示。

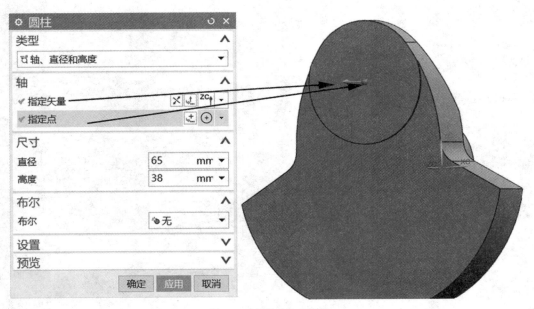

图 3-97　【圆柱】对话框

（16）拆分体。点击【主页】→【拆分体】▥，目标选择体如图 3-98 所示，工具选项为【新建平面】→选择【指定平面】→选择图 3-98 所示的平面进行拆分，点击【确定】按钮。

（17）建立基准平面。点击【主页】→【基准平面】，类型选择【按某一距离】，建立距离圆台面 19 mm 的平面，如图 3-99 所示。

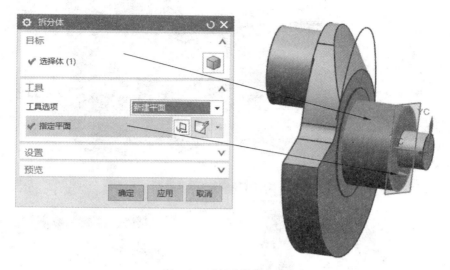

图 3-98 【拆分体】对话框

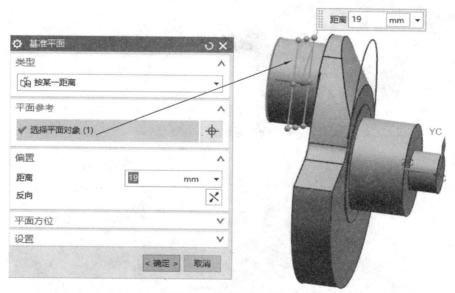

图 3-99 【基准平面】对话框

（18）镜像特征。点击【主页】→【关联复制】→【镜像特征】,【选择特征】即选择图 3-100 所示基准平面右侧图形（除最右端圆柱），选择镜像平面为图 3-99 所建立的平面。

（19）圆柱。点击【主页】→【圆柱】，建立直径为 65、高度为 30 的圆柱，如图 3-101 所示；然后在已建立圆柱的面上建立直径为 60、高度为 80 的圆柱，完成图如图 3-102 所示。

（20）圆锥体。点击【主页】→【圆锥】，圆锥指定矢量为 Z 轴（见图 3-103），指定中心点为圆柱圆心（见图 3-104），圆锥底部直径 50，顶部直径 45，高度 48，如图 3-103 所示；完成图如图 3-105 所示。

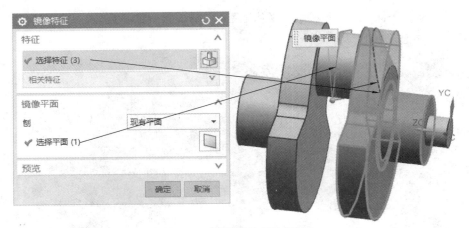

图 3-100 【镜像特征】对话框

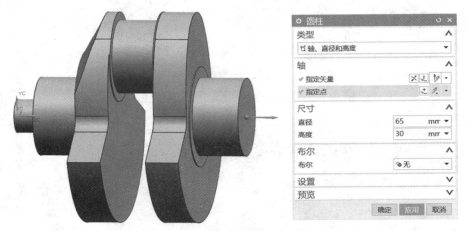

图 3-101 【圆柱】对话框

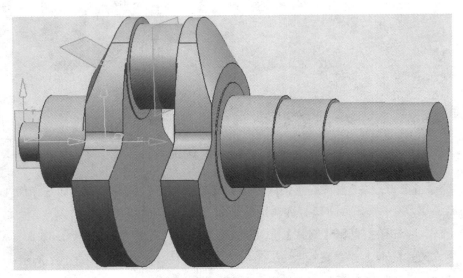

图 3-102 圆柱创建完成图

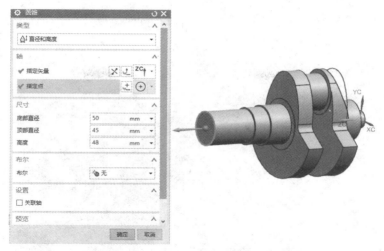

图 3-103　【圆锥】对话框

图 3-104　【点】对话框

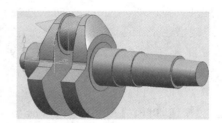

图 3-105　圆锥体完成图

（21）建立孔。点击【主页】→【孔】，指定点（指定孔中心点）如图 3-106(a)所示，【孔方向】选择【沿矢量】，形状为简单孔，孔直径 25，【深度限制】选择【贯通体】，参数设置如图 3-106(b)所示，点击【确定】按钮。（如未贯通，在打孔前将体【合并】求和。）

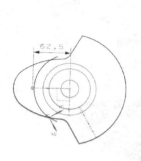

(a) 孔中心点定位

(b)【孔】对话框

图 3-106　建立孔

（22）建立基准平面。点击【主页】→【基准平面】□，类型选择【相切】，参考几何体选择对象为圆柱表面，如图 3-107 所示。

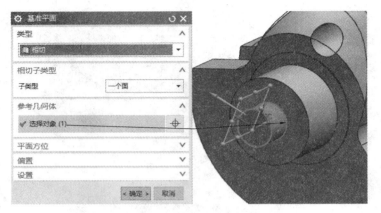

图 3-107　【基准平面】对话框

（23）键槽。点击【主页】→【键槽】□，键槽类型选择【矩形槽】，如图 3-108（a）所示，点击【确定】按钮；弹出图 3-108（b）所示对话框，选择矩形键槽放置面为图 3-107 所建基准平面，点击【确定】按钮；弹出图 3-109 所示对话框，确定键槽方向，点击【确定】按钮；弹出图 3-110 所示对话框，指定键槽水平参考，选择圆柱表面，点击【确定】按钮；弹出图 3-111 所示对话框，输入键槽长度 36，宽度 8，深度 4，点击【确定】按钮；弹出图 3-112 所示定位对话框，目标边为圆柱底边，弹出图 3-113 所示对话框，选择【圆弧中心】；弹出刀具边对话框，刀具边为键槽中心线，定位尺寸距离为 20（见图 3-114），点击【确定】按钮；同理，设置键槽竖直方向距离为 0，如图 3-115 所示，点击【确定】按钮，键槽完成图如图 3-116 所示。注：若【主页】中未见【键槽】命令，则在工具栏空白处点击右键，在右键菜单中点击【定制】→【菜单】→【插入】→【设计特征】→【键槽】，然后将其拖拽到合适位置。）

(a)　　　(b)

图 3-108　选择键槽类型

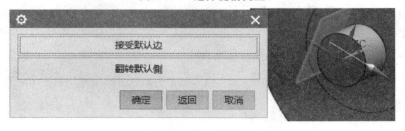

图 3-109　确定键槽方向

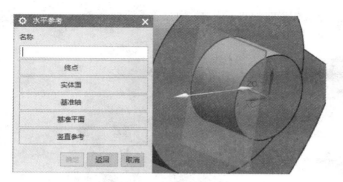

图 3-110　键槽水平参考

图 3-111　编辑键槽参数

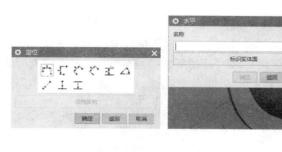

图 3-112　键槽定位

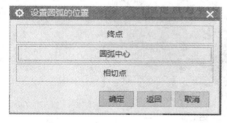

图 3-113　选择【圆弧中心】

图 3-114　设置目标边与刀具边的距离

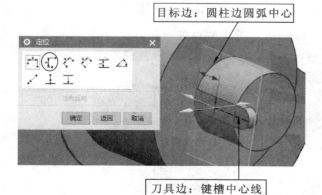

图 3-115　【定位】对话框

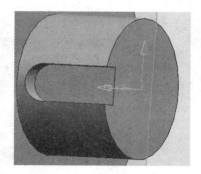

图 3-116　键槽完成图

（24）建立基准平面。点击【主页】→【基准平面】，类型选择【相切】，参考几何体的选择对象为圆柱表面，如图 3-117 所示。

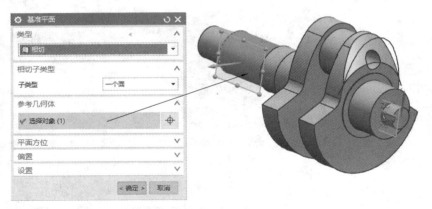

图 3-117　建立基准平面

（25）创建键槽。在图 3-117 所示基准平面位置建立矩形键槽，键槽建立方法同上，键槽长度 40、宽度 12、深度 5.75，如图 3-118 所示；定位尺寸为键槽所在圆柱的中央，中心距离两边均为 40。（注：若【主页】中未见【键槽】命令，则在工具栏空白处点击右键，在右键菜单中点击【定制】→【菜单】→【插入】→【设计特征】→【键槽】，然后将其拖拽到合适位置。）

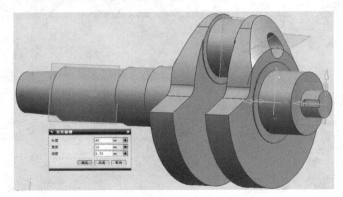

图 3-118　【矩形键槽】对话框

（26）建立凸台。点击【主页】→【凸台】，建立直径 40、高度 10、锥角 0 的凸台，参数设置如图 3-119 所示，点击【确定】按钮；弹出图 3-120 所示【定位】对话框，选择，选择圆柱表面的圆弧中心。（注：若【主页】中未见【凸台】命令，则在工具栏空白处点击右键，在右键菜单中点击【定制】→【菜单】→【插入】→【设计特征】→【凸台】，然后将其拖拽到合适位置。）

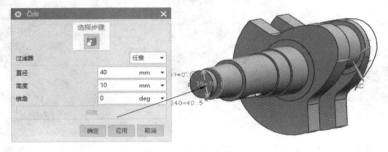

图 3-119　建立凸台

（27）建立直径 45、高度 18.5、拔锥角 0 的凸台。

（28）建立螺纹。点击【主页】→【螺纹】，弹出【螺纹】对话框（见图 3-121），螺纹类型选择【详细】，点击最后建立的凸台表面（见图 3-122），点击【确定】按钮。

图 3-120　凸台定位

图 3-121　【螺纹】对话框

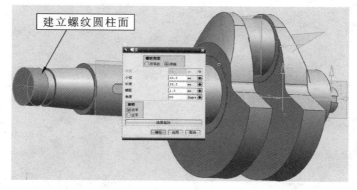

图 3-122　选择螺纹建立面

（29）建立埋头孔。点击【主页】→【孔】，孔类型选择【常规孔】；位置指定点选择圆柱上表面的圆心，如图 3-123 所示；形状选择【埋头孔】，埋头直径 13.2，埋头角度 120，孔直径 6.3，孔深度 14。

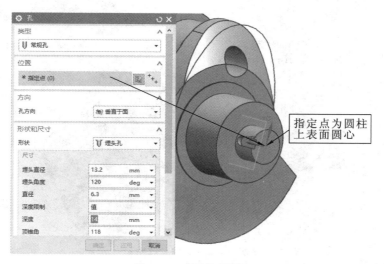

图 3-123　【孔】对话框

（30）求和。点击【主页】→【求和】，将所有部件求和为一整体。

（31）建立边倒圆。点击【主页】→【边倒圆】，选择图 3-124 所示的 6 条边，边倒圆半径为 5。

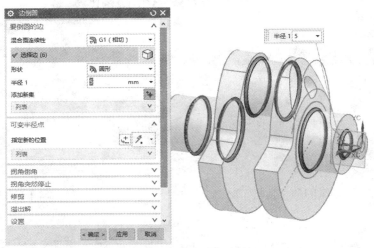

图 3-124 【边倒圆】对话框

（32）倒斜角。点击【主页】→【倒斜角】，选择图 3-125 所示的 3 条边，偏置横截面为对称，距离为 2 mm。

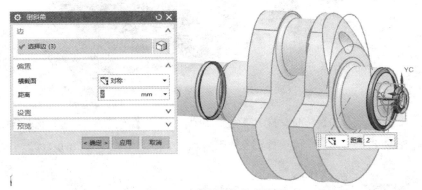

图 3-125 【倒斜角】对话框

（33）整理图形。点击【显示和隐藏】，全部"－"，实体"＋"，完成图如图 3-126 所示。

图 3-126 曲轴完成图

练习题

按照图 3-127~图 3-133 所示的零件图,完成相应的实体建模。

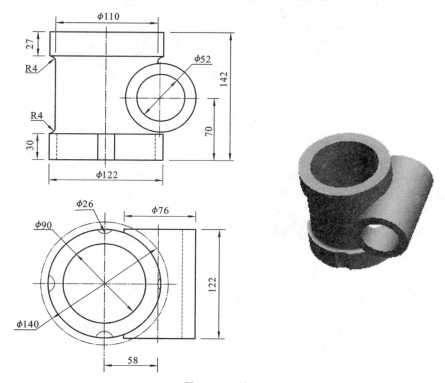

图 3-127 练习 1

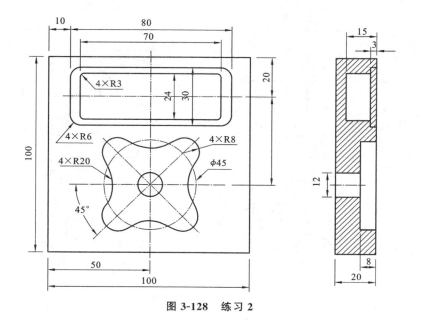

图 3-128 练习 2

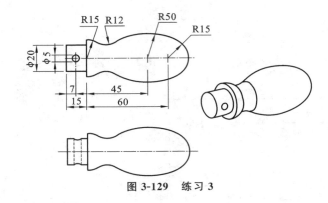

图 3-129   练习 3

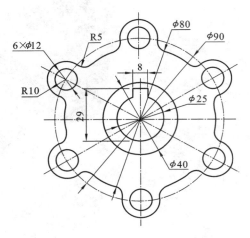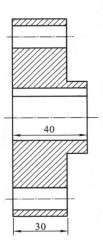

图 3-130   练习 4

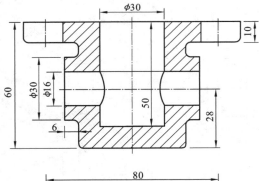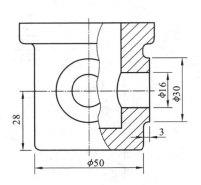

未注圆角R2

图 3-131   练习 5

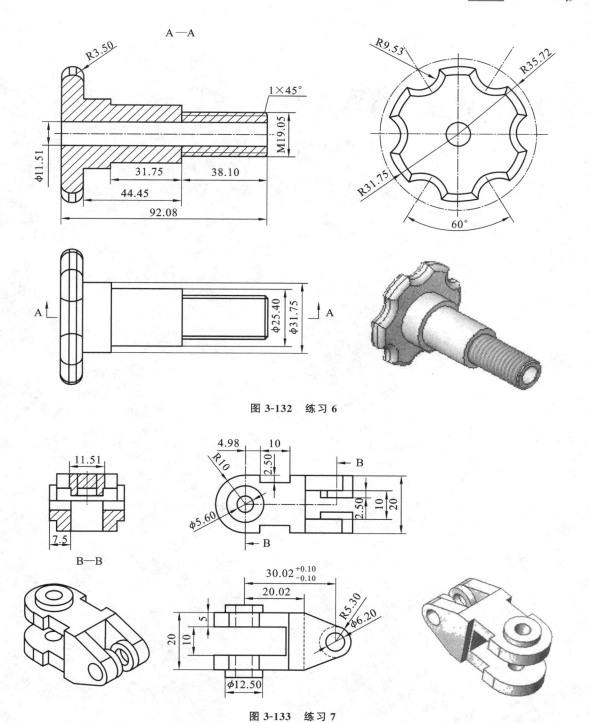

图 3-132　练习 6

图 3-133　练习 7

模块 4

曲面造型

◀ **学习目标**

（1）掌握曲面造型的基本方法及常用的曲面绘制工具。

（2）掌握曲面造型操作及曲面编辑方法。

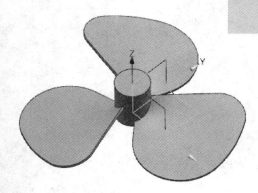

◀ 任务一　风扇叶片 ▶

完成图 4-1 所示的风扇叶片。

（1）建立圆柱并偏置曲面。

构建直径 30、高度 40 的圆柱体，如图 4-2 所示。

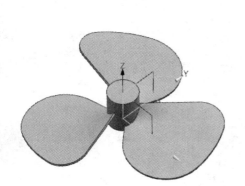

图 4-1　风扇叶片

图 4-2　建立圆柱

点击  偏置曲面 命令，生成距圆柱表面 80 的偏置面，如图 4-3 所示。

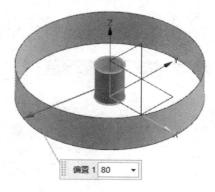

图 4-3　偏置曲面

（2）构建草图。在 Y-Z 平面上绘制图 4-4 所示的草图。

（3）投影曲线。点击 ▥【投影曲线】命令，在偏置面上和圆柱面上分别生成大圆弧和小圆弧，如图 4-5 所示。

（4）编辑曲线长度。隐藏圆柱体及偏置曲面，点击 ⌒【曲线长度】命令，分别修改两条投影曲线长度，如图 4-6 所示。

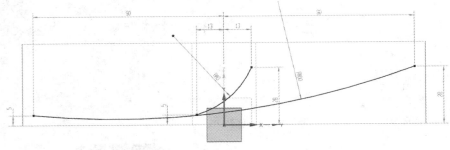

图 4-4　绘制草图

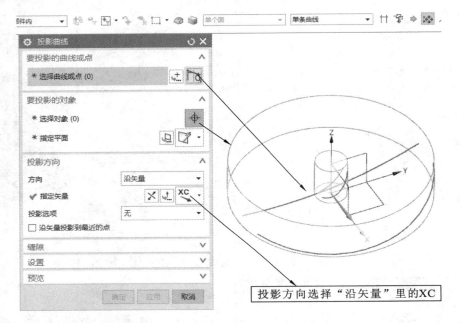

图 4-5　【投影曲线】对话框

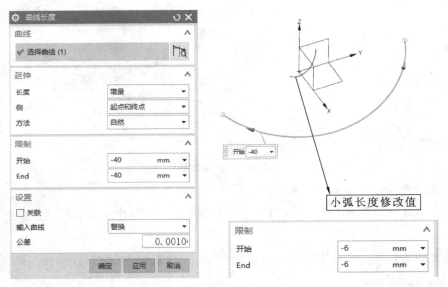

图 4-6　编辑曲线长度

注意：在【设置】选项组中，取消选中【关联】复选框，然后在【输入曲线】下拉框中选择【替换】。

（5）构建曲面。点击 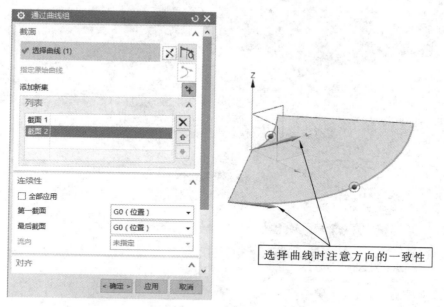 通过曲线组 命令生成曲面，如图 4-7 所示。

图 4-7 构建曲面

（6）曲面加厚。点击 加厚 命令，通过片体两侧对称加厚生成实体，如图 4-8 所示。

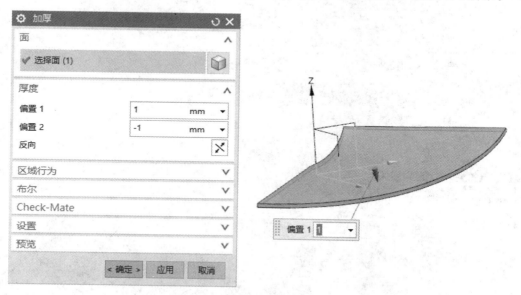

图 4-8 曲面加厚

（7）合并。点击 合并 命令，使圆柱体和加厚的实体合并成一个实体，如图 4-9 所示。

（8）倒圆角。点击 【边倒圆】，按图示的数值及方位对叶片倒圆角，如图 4-10 所示。

（9）复制叶片。点击 阵列特征 命令，参数设置如图 4-11 所示，最终模型如图 4-12 所示。

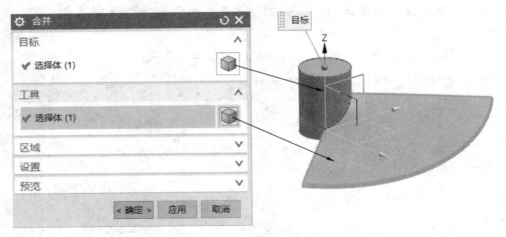

图 4-9　合并实体

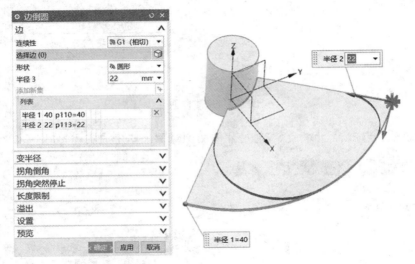

图 4-10　倒圆角

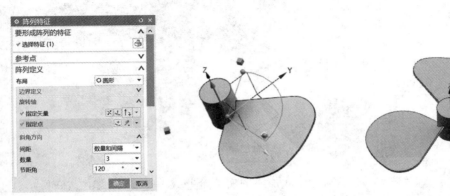

图 4-11　阵列叶片　　　　　　　　　　　图 4-12　风扇叶片模型

◀ 任务二 可 乐 瓶 ▶

可乐瓶底曲面造型如下。

截面线:小圆圆心(0,0,0),直径20;大圆圆心(0,0,50),直径90。

引导线:如图4-13所示,两引导线围绕Z轴成45°,被8条圆周平分。

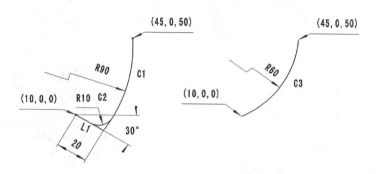

图 4-13　引导线

（1）构建草图。操作步骤:

① 在X-Y平面上建立 ϕ20 的草图,并作出8条辅助线,将圆分成8等份;

② 创建距X-Y平面50的基准平面,在该新建平面上绘出 ϕ90 的草图,并作出8条辅助线,将圆分成8等份,如图4-14所示。

（2）变换坐标。单击 旋转WCS,将Y轴旋转到Z轴,构建新的X-Y平面,如图4-15所示。

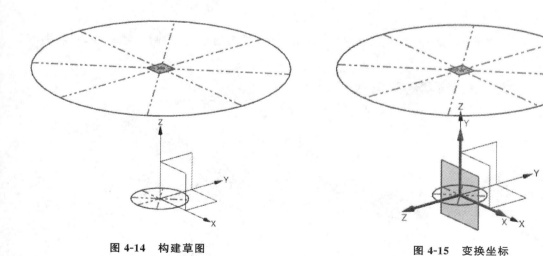

图 4-14　构建草图　　　　　　　　　　图 4-15　变换坐标

（3）绘制引导线1。点击 【圆弧/圆】命令,分别捕捉小圆和大圆的四分点,并输入半径60,绘出R60圆弧,如图4-16所示。

（4）变换坐标,绘出引导线2。绘图步骤:

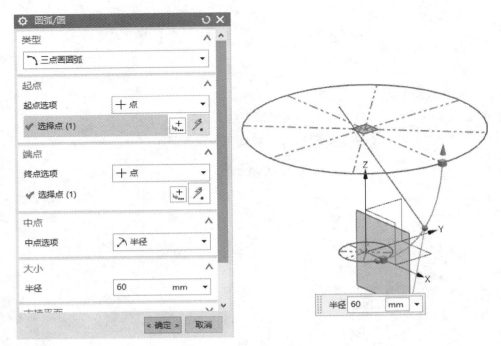

图 4-16　绘制引导线 1

① 点击 旋转WCS ，调整坐标轴 -YC 轴：XC --> ZC ，角度值输入 45；

② 点击 【直线】命令绘制直线，起点用端点约束，长度 20，终点用成一角度约束，如图 4-17 所示；

③ 点击 【圆弧/圆】命令，分别捕捉小圆和大圆的四分点，并输入半径 90，绘出 R90 圆弧，如图 4-18 所示；

④ 点击 圆形圆角曲线 命令，生成图 4-18 所示圆角，并应用 【修剪】曲线命令，修剪曲线的多余部分。

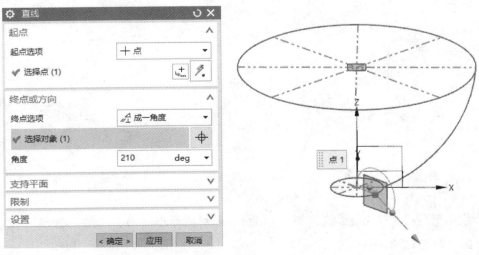

图 4-17　绘制引导线 2

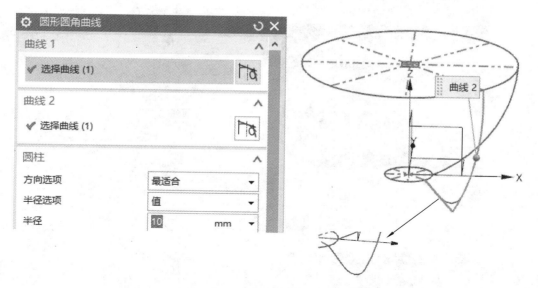

图 4-18 【圆形圆角曲线】对话框

（5）分别阵列引导线 1 和引导线 2。操作步骤：

① 将坐标系设置为基准坐标系；

② 点击 🔲【移动对象】命令，完成引导线阵列，如图 4-19 所示。

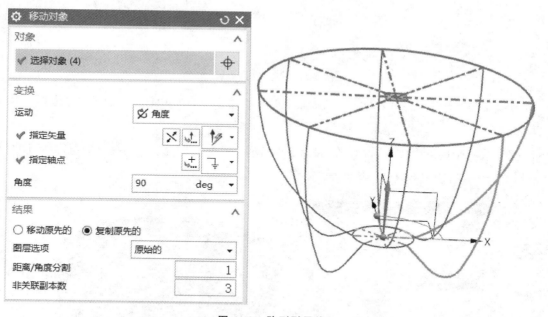

图 4-19 阵列引导线

（6）创建网格曲面，点击 📐【通过曲线网格】命令，进行如下操作。

① 主曲线共两条，依次选择主曲线 1 和主曲线 2，如图 4-20 所示。

② 交叉曲线有八个，按交叉曲线 1、2、3、4、5、6、7、8 顺序排列，如图 4-21 所示。

注意：选择主曲线时，在两圆同一位置选择并注意方向的控制；选择交叉曲线时，要从主曲线方向处选起，依顺序选择并首尾相连，即对第一条交叉曲线选择两次。

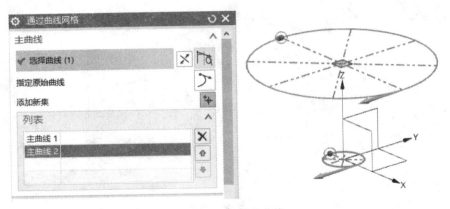

图 4-20　选择主曲线

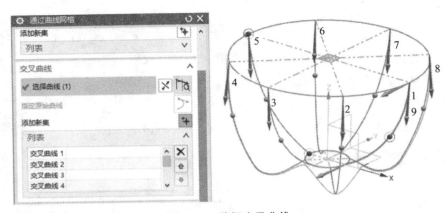

图 4-21　选择交叉曲线

（7）点击 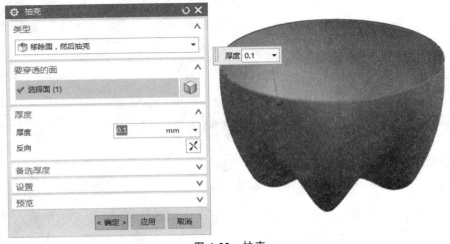【抽壳】命令生成曲面，如图 4-22 所示，其中【要穿透的面】选择实体上平面。

说明：这一步也可以应用【偏置曲面】命令制作曲面，点击 【偏置曲面】命令，参数设置如图 4-23 所示，最后隐藏实体，得到曲面。

图 4-22　抽壳

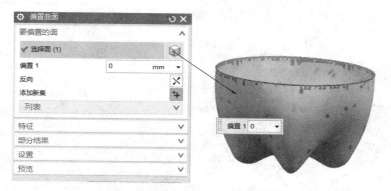

图 4-23 偏置曲面

◀ 任务三 汤 勺 ▶

建立图 4-24 所示的汤勺模型。

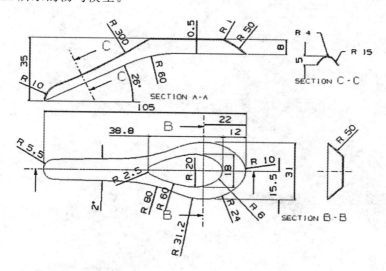

图 4-24 汤勺

（1）构建草图 1。在 X-Y 平面上绘制图 4-25 所示草图。

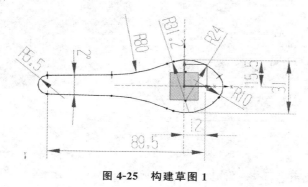

图 4-25 构建草图 1

（2）构建草图 2。在 X-Z 平面上绘制图 4-26 所示草图。

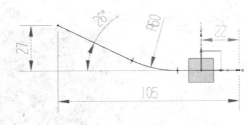

图 4-26　构建草图 2

（3）拉伸片体。分别对草图 1 和草图 2 进行片体拉伸，拉伸各参数设置分别如图 4-27 和图 4-28 所示。

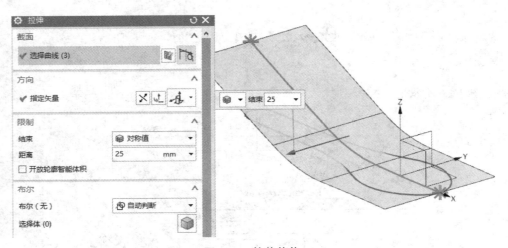

图 4-27　拉伸片体 1

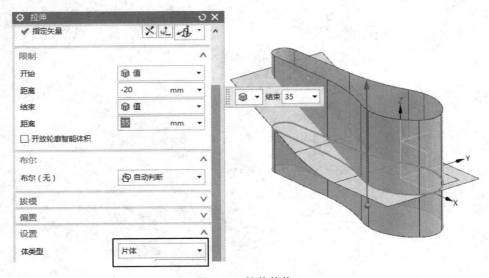

图 4-28　拉伸片体 2

（4）修剪片体。点击 🔳 修剪片体【修剪片体】命令，如图 4-29 所示，片体修剪完成后，隐藏片体 2。

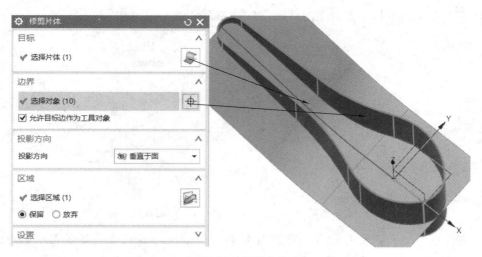

图 4-29 修剪片体

（5）抽取曲线。点击 抽取曲线【抽取曲线】命令，依次选择修剪片体边缘曲线，如图 4-30 所示。

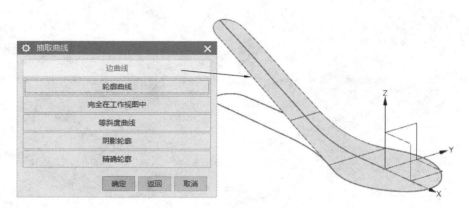

图 4-30 抽取曲线

（6）作出汤勺底部草图。草图平面选择如图 4-31 所示，并在该平面上绘制图 4-32 所示草图。

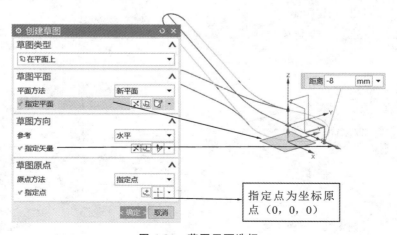

图 4-31 草图平面选择

（7）在 X-Z 平面上作中截面上的草图，如图 4-33 所示。

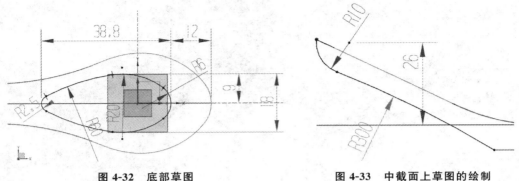

图 4-32 底部草图   图 4-33 中截面上草图的绘制

（8）创建点。分别创建图 4-34 所示的点 1、2、3、4。其中 1、2 两点是 Z-Y 基准面与步骤（5）所抽取的曲线的交点，3、4 两点是 Z-Y 基准面与步骤（6）底部曲线的交点。

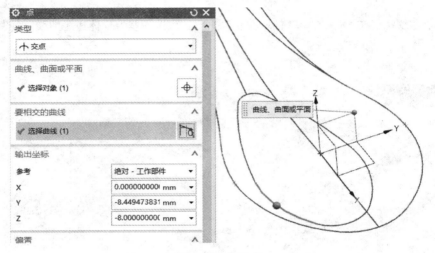

图 4-34 创建点

（9）在 Z-Y 基准面上绘制草图。使用两点加半径方法做圆弧，分别捕捉图 4-34 中的点 1、2、3、4，作出草图，如图 4-35 所示。

（10）在 Z-X 基准面上绘制汤勺前部草图，如图 4-36 所示。

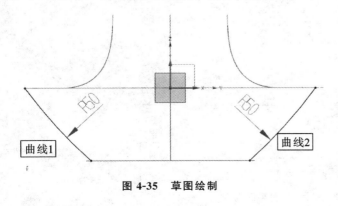

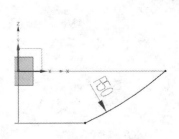

图 4-35 草图绘制   图 4-36 汤勺前部草图绘制

(11) 桥接曲线。点击 桥接曲线【桥接曲线】命令,分别桥接图 4-35 中绘制的曲线 1 和曲线 2 及图 4-37 中的曲线 3 和曲线 4。

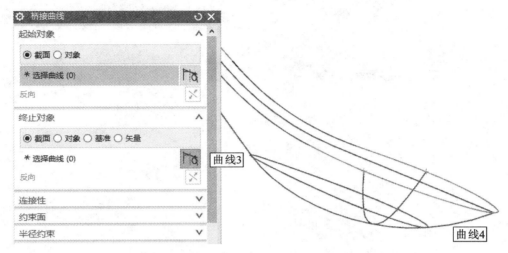

图 4-37　桥接曲线

(12) 作出汤勺柄部草图。作图步骤:

① 创建图 4-38 所示基准面;

② 用曲线与面相交方法创建点 1、2、3;

③ 绘制草图,如图 4-38 所示。

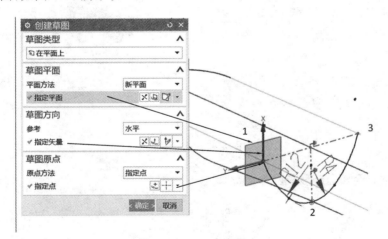

图 4-38　汤勺柄部草图

(13) 使用 扫掠【扫掠】命令,选择截面曲线时,注意箭头方位,如图 4-39 所示。

(14) 使用 扫掠【扫掠】命令,选择引导线时,注意曲线选择顺序,选择意图为【单条曲线】,如图 4-40 所示。

(15) 使用 N 边曲面构建底部,如图 4-41 所示。

(16) 修剪扫掠曲面,如图 4-42 所示。

(17) 通过曲线网格命令,构建图 4-43 所示曲面。

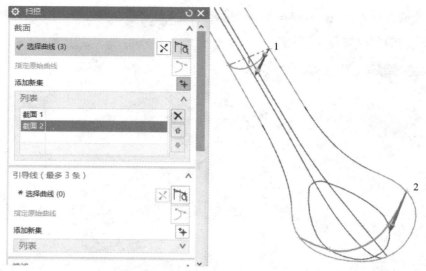

图 4-39　截面曲线选择

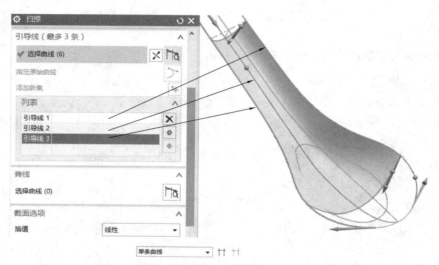

图 4-40　扫掠曲面

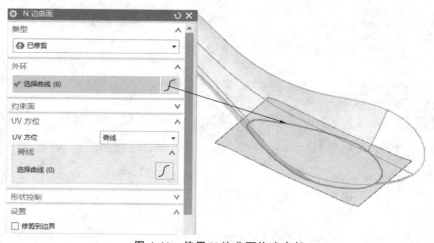

图 4-41　使用 N 边曲面构建底部

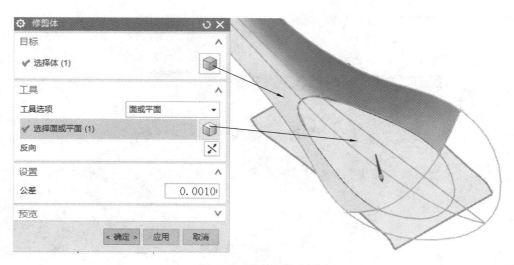

图 4-42 修剪扫掠曲面

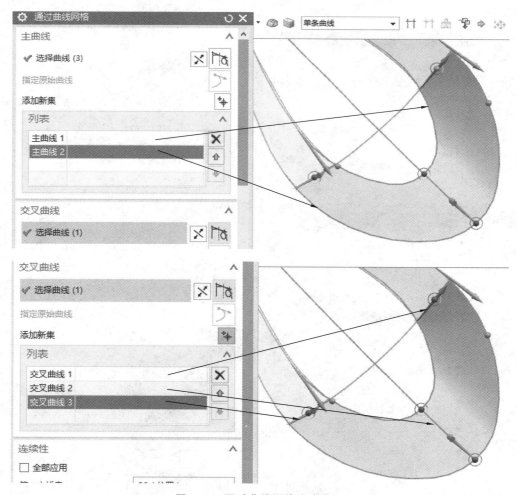

图 4-43 通过曲线网格生成曲面

（18）点击 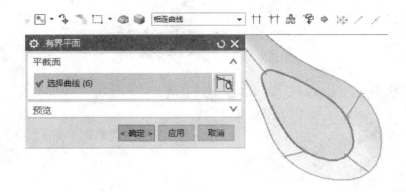 【有界平面】命令，完成勺子底部创建，如图 4-44 所示。

图 4-44　底部曲面创建

（19）勺柄头曲面创建。点击【通过曲线网格】命令，创建曲面，如图 4-45 所示。
注：这里主曲线 1 为一点，线的交点。

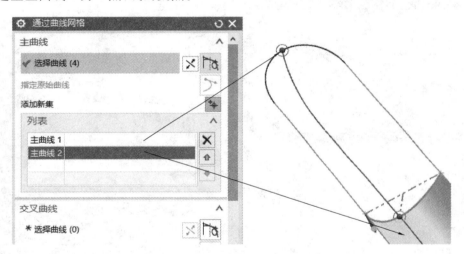

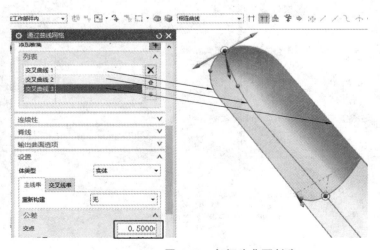

图 4-45　勺柄头曲面创建

（20）曲面缝合。点击 ▦ 缝合【缝合】命令，缝合图 4-46 中的所有曲面。

图 4-46　曲面缝合

（21）片体加厚。点击 ▦ 加厚 命令，进行片体加厚，如图 4-47 所示。至此，勺子建模完成。

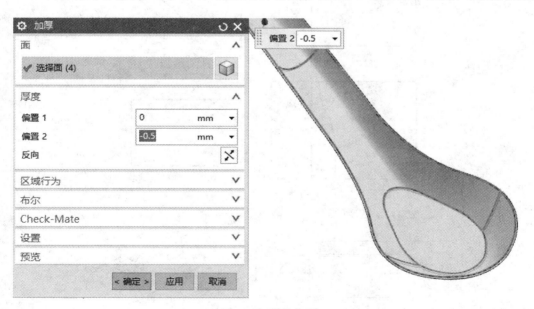

图 4-47　片体加厚

练习题

绘制图 4-48～图 4-53。

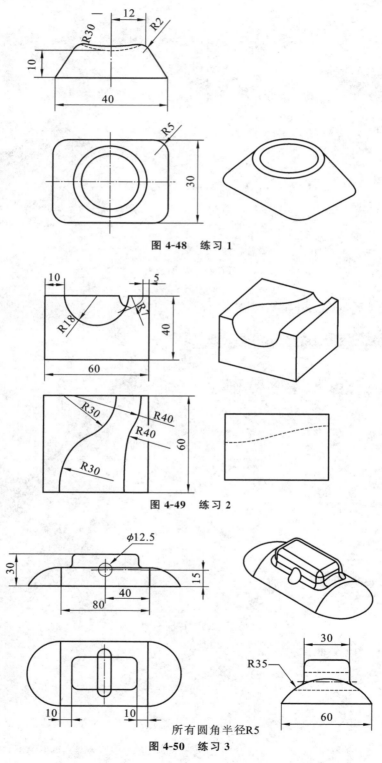

图 4-48　练习 1

图 4-49　练习 2

所有圆角半径R5

图 4-50　练习 3

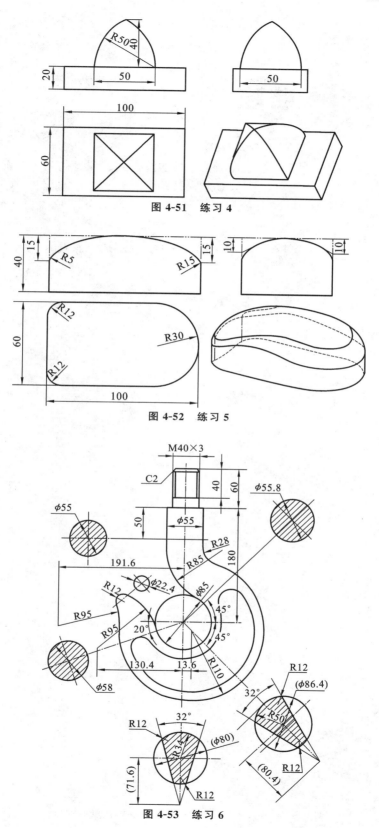

图 4-51　练习 4

图 4-52　练习 5

图 4-53　练习 6

模块 5

装配

◀ **学习目标**

(1) 熟练 UG NX 12.0 的装配方法与装配约束。

(2) 掌握 UG NX 12.0 的装配操作。

(3) 熟练掌握 UG NX 12.0 装配爆炸图的生成及编辑方法。

(4) 熟练掌握 UG NX 12.0 装配序列操作。

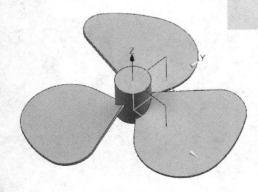

◀ 任务一　底座与定位销装配 ▶

完成图 5-1 所示底座与定位销的装配与爆炸图。

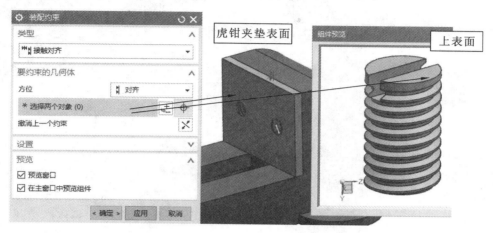

图 5-1　底座与定位销的装配与爆炸图

1. 定位销建模

（1）建立第一个圆柱。点击 ⬛【圆柱】，指定矢量为－ZC，指定点为原点（0,0,0），建立尺寸直径 10、高度 8 的圆柱，如图 5-2 所示。

图 5-2　建立第一个圆柱

（2）建立第二个圆柱。点击【圆柱】，指定矢量为－ZC，指定点为（0,0,－8），建立尺寸直径 14、高度 15 的圆柱，如图 5-3 所示。

（3）建立第三个圆柱。点击【圆柱】，指定矢量为－ZC，指定点为（0,0,－23），建立尺寸直径 8、高度 10 的圆柱，如图 5-4 所示。

图 5-3   建立第二个圆柱   图 5-4   建立第三个圆柱

（4）建立基准平面。点击【基准平面】□，类型选择【按某一距离】，选择平面对象为 Y-Z 平面，【距离】输入 3.5，如图 5-5 所示，点击【确定】按钮。同理，在另一方向上建立相同距离的基准平面，如图 5-6 所示。

（5）修剪体。点击【修剪体】□，弹出的对话框如图 5-7 所示，目标选择体选择圆柱，工具中的【选择面或平面】选择已建基准平面，结果如图 5-7 所示，点击【确定】按钮。

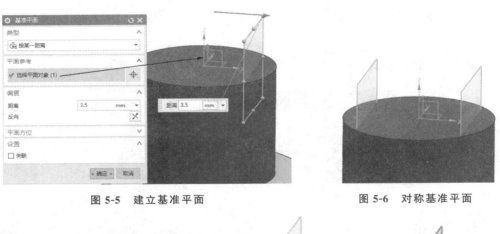

图 5-5   建立基准平面   图 5-6   对称基准平面

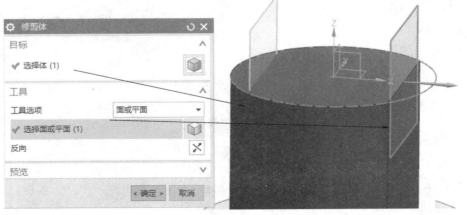

图 5-7   修剪体

（6）选择【修剪体】，修剪圆柱体另一面，修剪结果如图 5-8 所示。

（7）合并。将目标体与工具体合为一体，如图 5-9 所示，点击【应用】【确定】按钮。

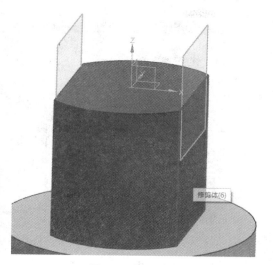

图 5-8 修剪结果

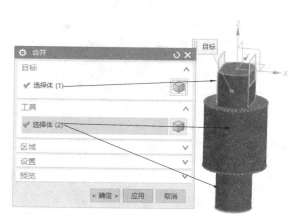

图 5-9 合并

（8）整理图形。点击【视图】→【显示和隐藏】 ，点击全部隐藏"－"，点击实体显示"＋"，完成图如图 5-10 所示。

图 5-10 显示和隐藏设置的完成图

2. 底座建模

（1）建立长方体。点击块 ，弹出图 5-11(a)所示对话框，点击【指定点】，弹出的对话框如

图 5-11(b)所示,指定长方体起始点为(-80,-80,-40),点击【确定】按钮,长方体尺寸设置为长度 80、宽度 80、高度 20,点击【确定】按钮,完成图如图 5-12 所示。

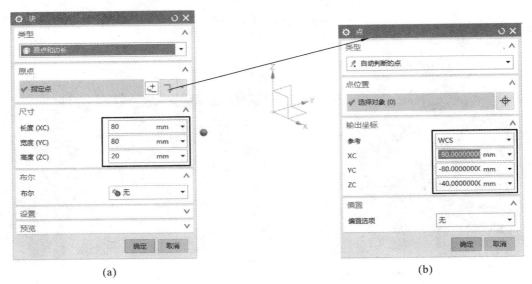

(a)   (b)

图 5-11   建立长方体

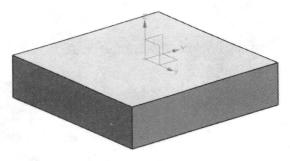

图 5-12   长方体完成图

(2)建立四个沉头孔。点击孔 ⬛,弹出的对话框如图 5-13 所示,指定点(沉头孔中心)距离边界分别为 10,如图 5-14 所示;【形状和尺寸】→【形状】→【沉头孔】,如图 5-13 所示;尺寸区设置沉头直径 14、沉头深度 5、直径 8、深度 50,如图 5-13 所示,点击【应用】【确定】按钮,完成沉头孔的绘制,如图 5-15 所示。

(3)阵列沉头孔。点击【阵列特征】 ⬛,【选择特征】处选择沉头孔,【阵列定义】→【布局】→【线性】。【方向 1】→【指定矢量】→ X 方向,数量 2,节距 60 mm;【方向 2】→【指定矢量】→ Y 方向,数量 2,节距 60 mm;如图 5-16 所示,点击【应用】【确定】按钮。阵列完成图如图 5-17 所示。

3. 装配定位销

(1)打开组件底座,这时建模区只有主模型,点击【应用模块】→【装配】,进入装配环境。单击 ⬛*【添加组件】,弹出图 5-18 所示的【添加组件】对话框;点击【打开】,选择要添加的组件定位销,点击【选择对象】,弹出已建模型定位销的模型图。【装配位置】选择【绝对坐标系】,【放置】选择【约束】,如图 5-19 所示,点击【应用】按钮。

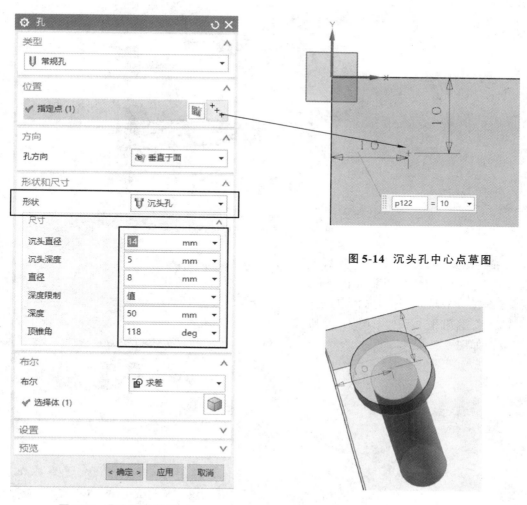

图 5-13 【孔】对话框

图 5-14 沉头孔中心点草图

图 5-15 沉头孔完成图

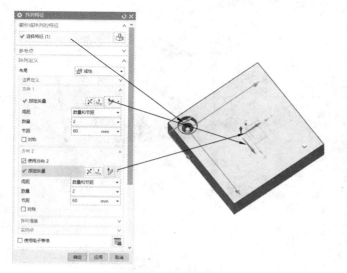

图 5-16 阵列特征

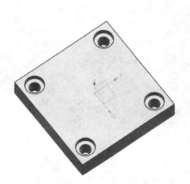

图 5-17 阵列完成图

图 5-18 【添加组件】对话框

约束类型默认选择【接触对齐】，方位选择【自动判断中心/轴】，如图 5-20 所示。【选择两个对象】分别选择定位销中心线和底座孔中心线，如图 5-21 所示，完成图如图 5-22 所示。

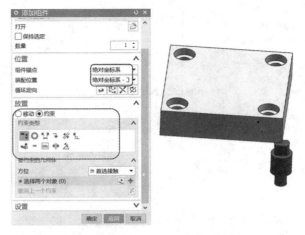

图 5-19 【添加组件】约束对话框

图 5-20 约束类型和方位选择

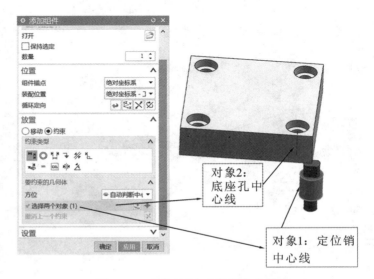

对象2：底座孔中心线

对象1：定位销中心线

图 5-21 定位销【自动判断中心/轴】

类型选择【接触对齐】,方位选择【对齐】,对话框如图 5-23 所示,选择对象如图 5-24 所示,点击【应用】按钮。

图 5-22 定位销【自动判断中心/轴】完成图

图 5-23 装配约束方位选择【对齐】

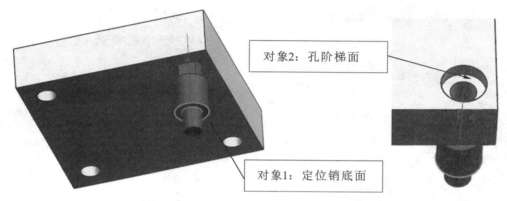

对象2:孔阶梯面

对象1:定位销底面

图 5-24 装配约束【对齐】选择对象

(2)阵列定位销。选择 【阵列组件】,【选择组件】→定位销,【阵列定义】→【布局】→【线性】,阵列定位销如图 5-25 所示。方向 1 为 X 向,数量 2,节距为−60;方向 2 为 Y 向,数量 2,节距为 60。单击【确定】按钮,完成定位销的阵列。

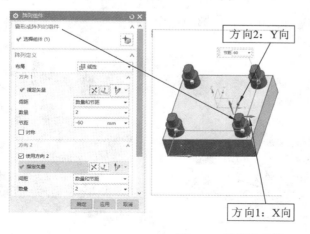

方向2:Y向

方向1:X向

图 5-25 阵列定位销

4. 装配爆炸图

完成装配操作后,用户可以创建爆炸图来表达装配部件内部各组件之间的相互关系。爆炸图是把零部件或子装配部件模型从装配好的状态和位置拆开成特定的状态和位置的视图,如图5-26 所示。

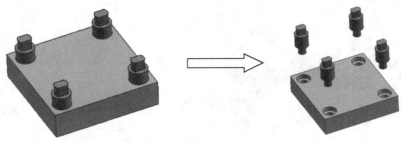

图 5-26　爆炸图

(1) 点击 ⬛【爆炸图】,弹出图 5-27 所示爆炸图命令条;点击【新建爆炸图】,弹出图 5-28 所示对话框,点击【确定】按钮;爆炸图命令条中的命令被激活,如图 5-29 所示。

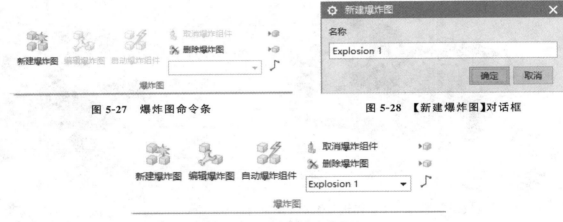

图 5-27　爆炸图命令条　　　　　　　　　　　　　图 5-28　【新建爆炸图】对话框

图 5-29　爆炸图命令被激活

(2) 点击图 5-29 中的 【编辑爆炸图】,弹出图 5-30 所示对话框。【选择对象】选择四个定位销,【移动对象】选择 Z 轴,距离输入 40,点击【确定】按钮。

(3) 爆炸完成图如图 5-31 所示。

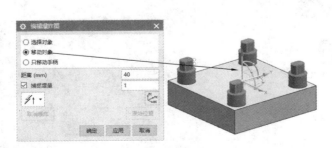

图 5-30　【编辑爆炸图】对话框　　　　　　　　　图 5-31　爆炸完成图

5. 装配动画

（1）点击【爆炸图】，选择【（无爆炸）】，如图 5-32 所示。

图 5-32 选择【（无爆炸）】

（2）将装配导航器中的约束抑制取消，如图 5-33 所示。

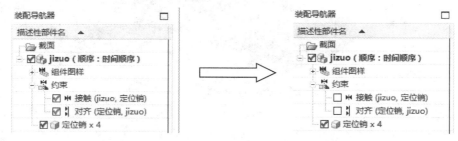

图 5-33 取消约束抑制

（3）点击 【序列】，点击 【新建序列】，点击 【插入运动】，弹出图 5-34 所示对话框，分别选择【选择对象】【移动对象】，拖动 Z 轴，沿 Z 轴移动。

（4）播放。点击【播放/回放】，导出至电影，如图 5-35 所示。

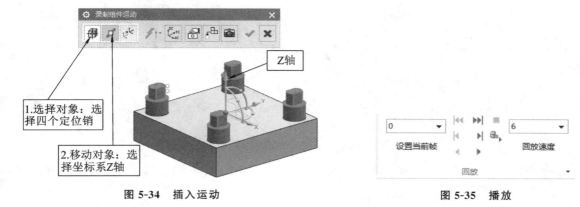

图 5-34 插入运动　　　　　　　　**图 5-35 播放**

◀ 任务二　虎钳装配 ▶

一、模型分析

虎钳主要由 1 个底座、4 个螺钉、1 个螺旋推进杆、1 个支撑座、1 个虎钳夹垫装配而成。它们的装配方法是从底向上的装配设计方法，其中，最先添加的组件为底座及以底座为参考的原有组件,以配对约束的方式创建配对条件,添加支撑座、螺钉、螺旋推进杆。

二、设计步骤

虎钳共有 5 个零件组成,如图 5-36 所示。虎钳装配设计包括这些零部件的设计以及它们的装配过程,具体步骤如下。

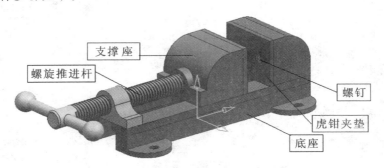

图 5-36　虎钳装配模型图

1. 底座设计

(1)新建底座文件。打开 UG NX 12.0,选择【文件】→【新建】,在【新建】对话框中输入文件名【dizuo】,选择单位为毫米,单击【确定】按钮,进入建模环境。

(2)绘制图 5-37 所示的草图。点击【拉伸】,拉伸开始距离为 0,终点距离为 12,如图 5-38 所示。

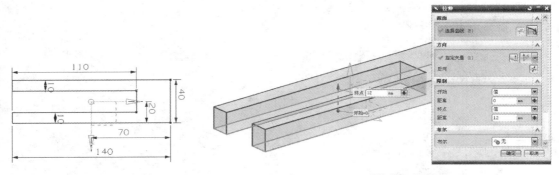

图 5-37　底座草图　　　　　　　　　　　　图 5-38　【拉伸】对话框

(3)绘制 4 个座耳。点击【草图】,绘制图 5-39 所示的草图;点击【拉伸】,设置座耳拉伸高度为 3,拉伸完成图如图 5-40 所示。

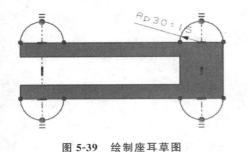

图 5-39　绘制座耳草图　　　　　　　　　　图 5-40　拉伸座耳

点击【孔】,中间孔直径为 5,通孔;点击【螺纹】▮,选择孔圆柱面,如图 5-41 所示,点击【应用】【确定】按钮,完成图如图 5-42 所示。

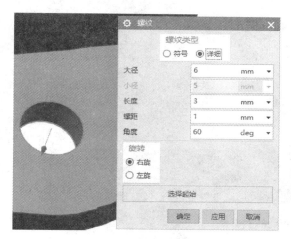

图 5-41 【螺纹】对话框

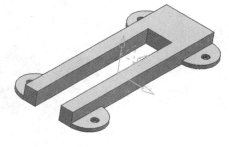

图 5-42 座耳完成图

(4)绘制图 5-43 所示的草图。拉伸图 5-43 所示草图,点击【拉伸】,设置开始距离为 0,终点距离为 5,如图 5-44 所示。

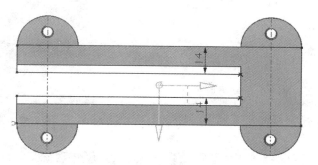

图 5-43 绘制草图

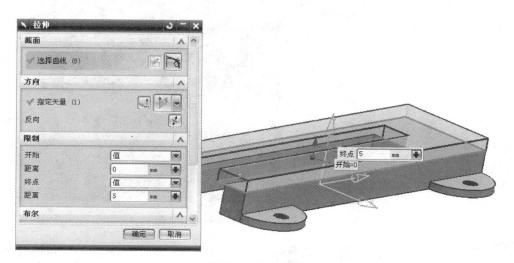

图 5-44 拉伸草图

（5）绘制图 5-45 所示草图，点击【拉伸】，设置开始距离为 0，终点距离为 40；创建螺栓孔，孔直径为 5，深度为 10，顶锥角为 118°，水平定位为 10（见图 5-46），竖直定位为 15（见图 5-47）。创建螺纹孔后，攻螺纹参数如图 5-48 所示。

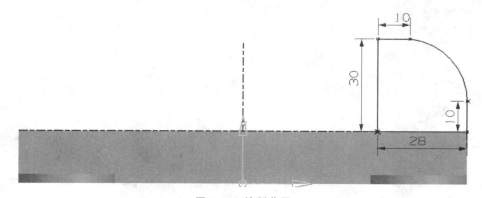

图 5-45　绘制草图

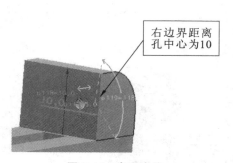

图 5-46　水平定位

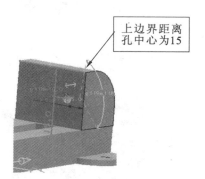

图 5-47　竖直定位

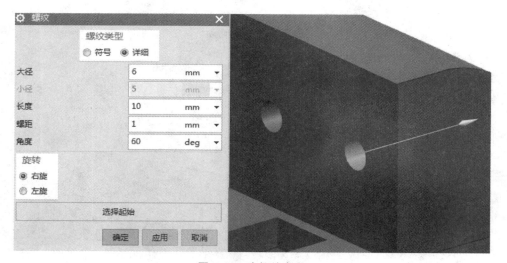

图 5-48　攻螺纹参数

（6）建立草图。在图 5-49 所示平面绘制草图，绘制的草图如图 5-50 所示。拉伸开始距离为 0，终点距离为 15，如图 5-51 所示。

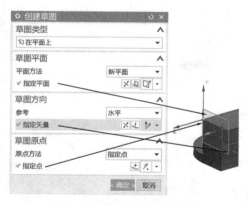

图 5-49 选取平面绘制草图

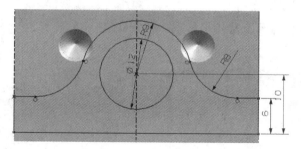

图 5-50 绘制草图

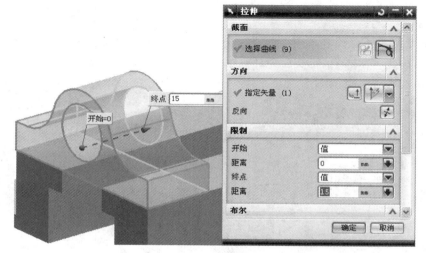

图 5-51 拉伸结果图

（7）创建螺纹。螺纹参数如图 5-52 所示。

2. 支撑座

（1）创建长方体。点击块 ⬛，输入长方体的长 12、宽 33、高 5，放置点坐标为（14,0,−5），创建的长方体模型如图 5-53 所示。

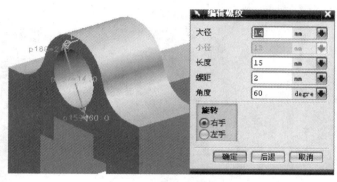

图 5-52 设置螺纹参数

图 5-53 创建的长方体模型

（2）创建垫块。点击【设计特征】→【垫块】 ，垫块类型为【矩形】，选择长方体的底面作为放置面，侧面为水平参考面，垫块参数如图 5-54 所示，垫块完成图如图 5-55 所示。（注：【垫块】命令可定制，在工具栏空白处单击右键，在右键菜单中点击【定制】→【菜单】→【插入】→【设计特征】→【垫块】 ，或查找【垫块】。）

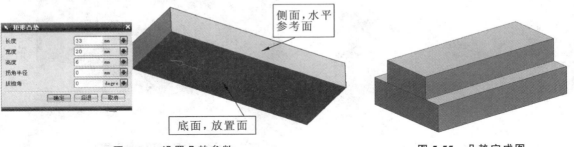

图 5-54　设置凸垫参数

图 5-55　凸垫完成图

（3）绘制草图。选择绘制草图平面，【指定平面】选择 Y-Z 平面（距离－14），【草图方向】水平指定矢量 Y 向，【指定点】坐标为（0，0，5），如图 5-56 所示，绘制的草图如图 5-57 所示，草图拉伸开始距离为 0，终点距离为 40。

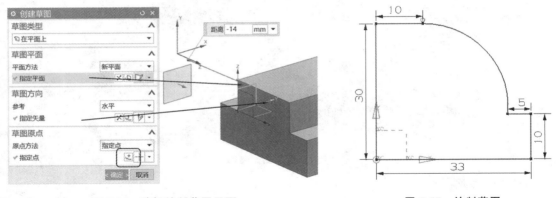

图 5-56　选择绘制草图平面

图 5-57　绘制草图

（4）螺栓孔。螺栓孔 2 个，直径为 5，长度为 10，定位距离中水平为 10，竖直为 15；螺纹直径为 6，长度为 10，螺距为 1，角度为 60，右旋（【旋转】选择【右手】），参数如图 5-58 所示；支撑座完成图如图 5-59 所示。

图 5-58　设置螺纹参数

图 5-59　支撑座完成图

3. 虎钳夹垫

（1）创建长方体。点击块  ，输入长方体的长 40、宽 30、高 3，放置在点（−20,0,0）处，如图 5-60 所示。

（2）创建螺栓孔。螺栓孔 2 个，直径为 5，长度为 10，定位距离中水平为 10，竖直为 15；螺纹直径为 6，长度为 3，螺距为 1，角度为 60，右旋。虎钳夹垫完成图如图 5-61 所示。

图 5-60 创建的长方体

图 5-61 虎钳夹垫完成图

4. 螺钉

（1）创建圆柱体。圆柱体底面直径为 6，高度为 10，如图 5-62 所示。

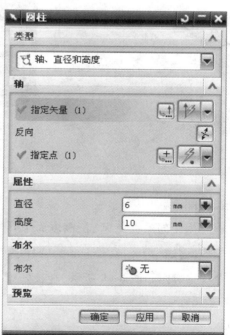

图 5-62 创建圆柱体

（2）创建草图。绘制图 5-63 所示草图，拉伸高度为 2，与已建圆柱求差，完成图如图 5-64 所示。

（3）创建螺纹。点击【螺纹】 ，在弹出的【螺纹】对话框中选择螺纹类型为【详细】，螺纹参数设置如图 5-65 所示，点击圆柱面，螺纹【选择起始】选择圆柱底面，螺纹长度为 8，点击【应用】【确定】按钮，螺纹完成图如图 5-66 所示。

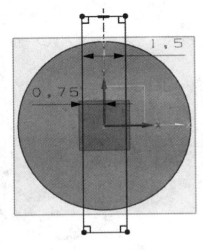

图 5-63　创建草图

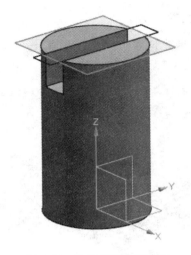

图 5-64　拉伸求差的完成图

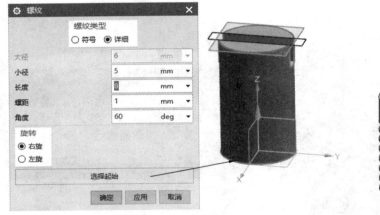

图 5-65　【螺纹】对话框

图 5-66　螺纹完成图

5. 螺旋推进杆

（1）创建圆柱体。创建直径为 12、高度为 100 的圆柱体,完成图如图 5-67 所示。

（2）螺纹。点击【螺纹】 ,选择起始为圆柱底面,螺纹小径为 10,长度为 87,螺距为 2,角度为 60,右旋。螺纹完成图如图 5-68 所示。创建边倒圆,其半径为 1。

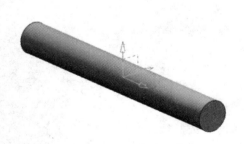

图 5-67　圆柱体完成图

图 5-68　螺纹完成图

（3）草图。在圆柱表面创建基准平面，在基准平面上绘制草图，如图 5-69 所示，拉伸开始距离为 30，终点距离为 -37。完成图如图 5-70 所示。

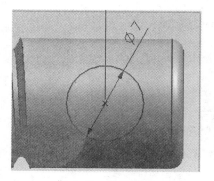

图 5-69　绘制草图

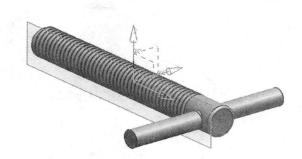

图 5-70　拉伸完成图

（4）创建球体。【设计特征】→【球】→【直径、圆心】，直径为 13，球心位置如图 5-71 所示。

（5）螺旋推进杆完成图如图 5-72 所示。

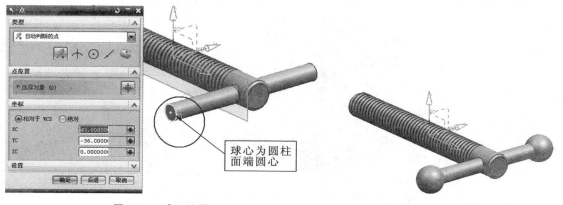

图 5-71　球心位置

图 5-72　螺旋推进杆完成图

6．装配

（1）打开底座。点击【装配】→【添加组件】，打开支撑座，【装配位置】选择【绝对坐标系】，【放置】选择【约束】；选择装配约束类型为【接触对齐】，方位为【接触】，如图 5-73 所示，分别点击底座内端面和支撑座外端面。注：如未出现【组件预览】，点击【设置】→【启动预览窗口】。

点击方位，选择【对齐】，如图 5-74 所示。

选择装配约束类型为【距离】，距离设置为 50，如图 5-75 所示，点击【应用】【确定】按钮。

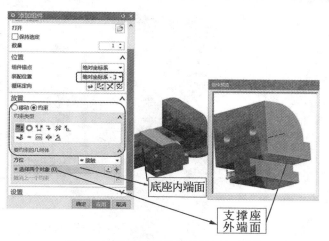

图 5-73　装配约束类型为【接触对齐】

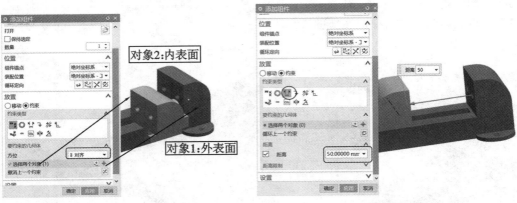

图 5-74　装配方位选择【对齐】　　　　　　　**图 5-75　装配约束类型选择【距离】**

（2）添加虎钳夹垫。选择装配约束类型为【接触对齐】，方位为【首选接触】，如图 5-76 所示。

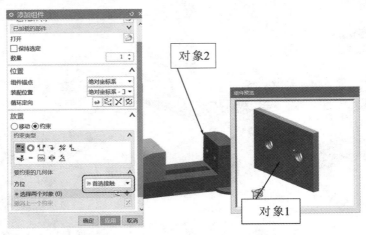

图 5-76　装配约束方位【首选接触】

选择装配约束类型为【接触对齐】，方位为【对齐】，如图 5-77 所示，分别选择底座和虎钳夹板上表面。

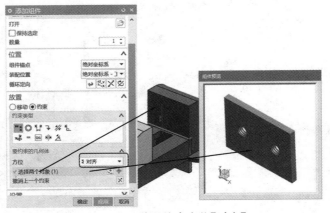

图 5-77　装配约束方位【对齐】

注：如出现图 5-78 所示对齐方向反向，即虎钳夹垫镶嵌在底座中，则选择右键反向，完成图如图 5-79 所示。

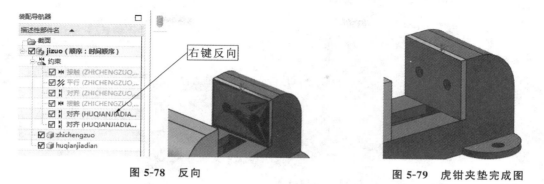

图 5-78　反向

图 5-79　虎钳夹垫完成图

（3）在支撑座上添加另一个虎钳夹垫，如图 5-80 所示。

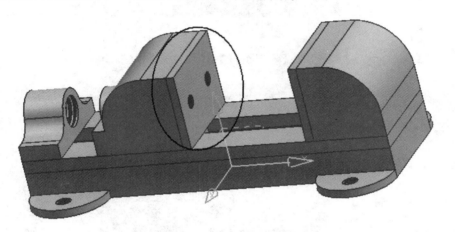

图 5-80　添加两个虎钳夹垫完成图

（4）添加螺钉。选择约束类型为【接触对齐】，方位为【自动判断中心/轴】，如图 5-81 所示。

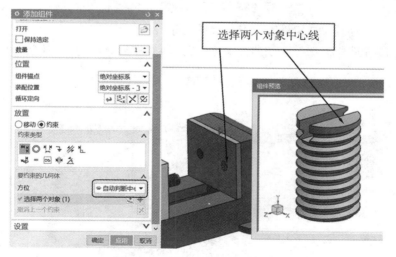

图 5-81　选择【自动判断中心/轴】

再选择方位为【对齐】,如图 5-82 所示,点击【应用】【确定】按钮。

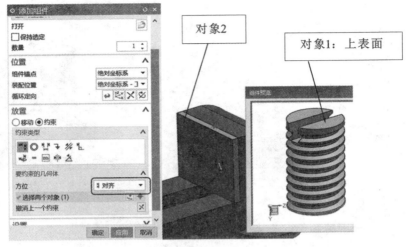

图 5-82 选择【对齐】

(5)创建阵列组件。 阵列组件 【阵列组件】→【线性】,设置如图 5-83 所示。

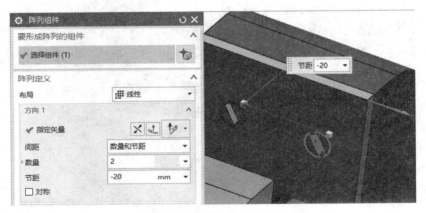

图 5-83 【阵列组件】对话框

(6)同理,对另一侧【添加组件】→螺钉→【阵列组件】。

(7)添加螺旋推进杆。选择装配约束类型为【接触对齐】,方位为【自动判断中心/轴】,如图 5-84 所示。

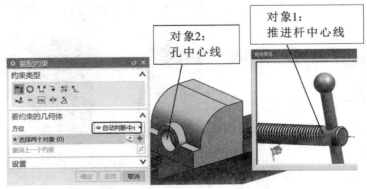

图 5-84 螺旋推进杆【自动判断中心/轴】

选择装配约束类型为【距离】,距离值为 40,如图 5-85 所示,点击【应用】【确定】按钮。

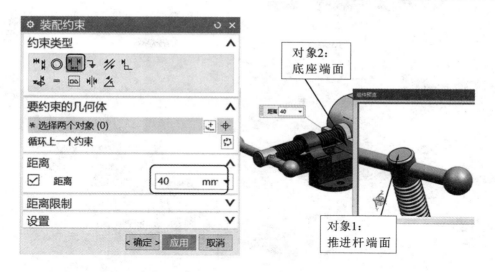

图 5-85   螺旋推进杆装配约束类型为【距离】

(8) 装配完成图如图 5-86 所示。

7. 爆炸图

(1) 点击 【爆炸图】,弹出图 5-87 所示爆炸图命令条;点击【新建爆炸图】,弹出图 5-88 所示对话框,点击【确定】按钮;爆炸图命令条中的命令被激活,如图 5-89 所示。

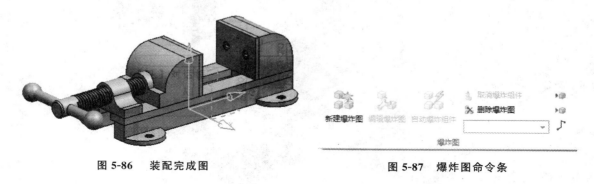

图 5-86   装配完成图

图 5-87   爆炸图命令条

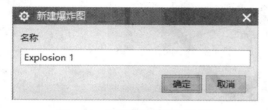

图 5-88   【新建爆炸图】对话框

图 5-89   爆炸图命令被激活

(2) 点击图 5-89 中的 【编辑爆炸图】,弹出图 5-90 所示对话框,【选择对象】选择螺旋推进杆,【移动对象】选择 X 轴,距离输入 80,点击【确定】按钮。

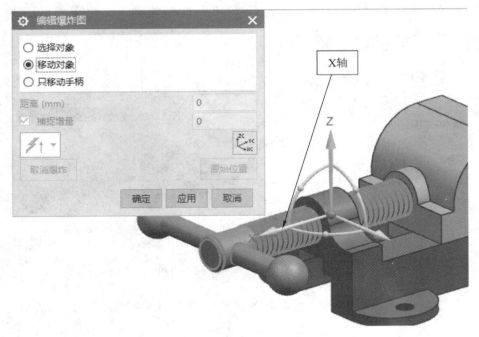

图 5-90　爆炸螺旋推进杆

（3）同理，分别爆炸支撑座、螺钉、虎钳夹垫，爆炸完成图如图 5-91 所示。

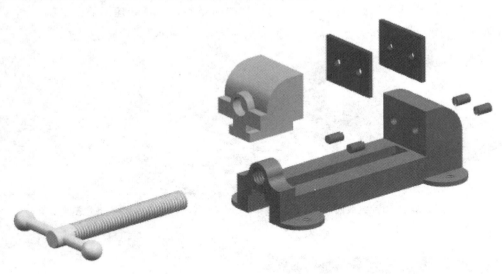

图 5-91　爆炸完成图

◀ 任务三　可调支座装配 ▶

可调支座装配如图 5-92 所示。

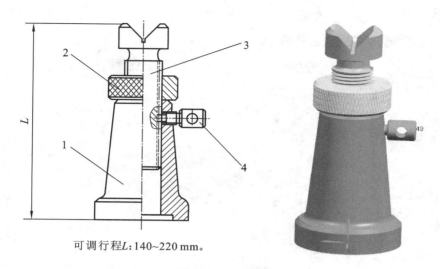

可调行程L:140~220 mm。

图 5-92 可调支座

1—支座;2—调节螺母;3—螺杆;4—紧固螺钉

模型分析:该装配体主要由四个组件构成,包括支座、调节螺母、螺杆和紧固螺钉。

1. 支座

支座图纸如图 5-93 所示。

(1)点击【新建】，名称输入【支座】，点击【主页】→【圆柱】，设置直径 75、高度 18，如图 5-94 所示。

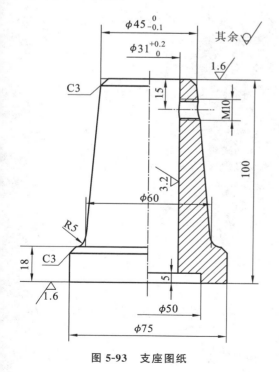

图 5-93 支座图纸

图 5-94 创建圆柱

（2）创建圆锥。点击【圆锥】，参数设置如图 5-95 所示。

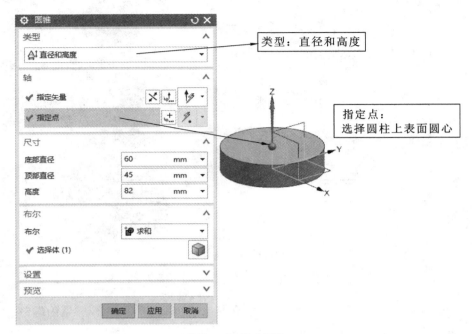

图 5-95　创建圆锥

（3）创建孔。点击【主页】→【孔】，孔的直径为 31，常规孔，参数设置如图 5-96 所示。

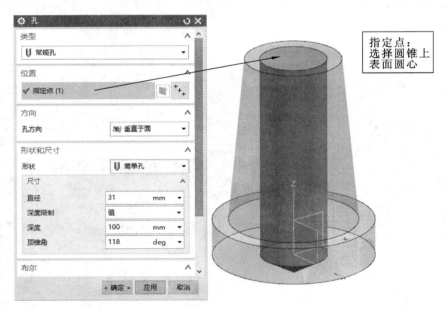

图 5-96　常规孔

（4）创建支座底部孔。点击【主页】→【孔】，设置孔的直径 50、深度 5、顶锥角 0，具体参数如图 5-97 所示，底面孔完成图如图 5-98 所示。

（5）创建螺纹孔。点击【主页】→【孔】，类型选择【螺纹孔】，螺纹孔的大小为 M10×1.5，深度 30（深度大于圆锥厚度即可），参数设置如图 5-99 所示。

注：指定点选择 Y-Z 平面，进入草图，设置螺纹孔中心点位置，如图 5-100 所示；孔方向选择【沿矢量】，如图 5-101 所示，点击【应用】【确定】按钮。

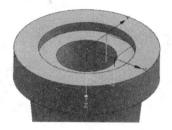

图 5-97　底面孔

图 5-98　底面孔完成图

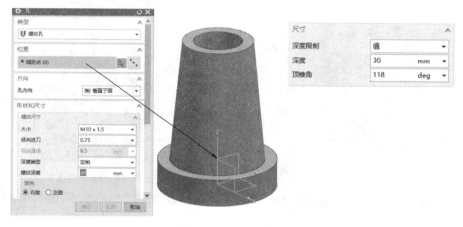

图 5-99　创建螺纹孔

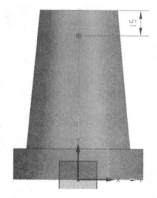

图 5-100　螺纹孔中心草图

图 5-101　螺纹孔预览

（6）创建螺纹。点击【主页】→【螺纹】，螺纹类型选择【详细】，选择已知螺纹孔，弹出图 5-102 所示对话框，选择螺纹起始面为 Y-Z 平面，点击【确定】按钮；弹出图 5-103 所示对话框，点击【确定】按钮；弹出图 5-104 所示对话框，点击【确定】按钮，螺纹完成图如图 5-105 所示。

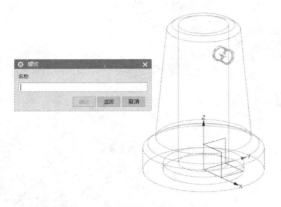

图 5-102　选择螺纹起始面

图 5-103　螺纹方向

图 5-104　设置螺纹参数

图 5-105　螺纹完成图

（7）创建倒斜角。点击【主页】→【倒斜角】，横截面选择【对称】，距离为 3，参数设置如图 5-106 所示。

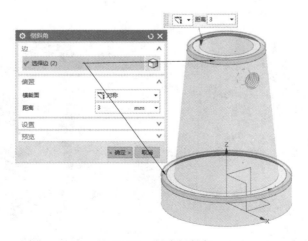

图 5-106　创建倒斜角

（8）创建边倒圆。点击【主页】→【边倒圆】，半径 1 为 5，参数设置如图 5-107 所示。完成图如图 5-108 所示。

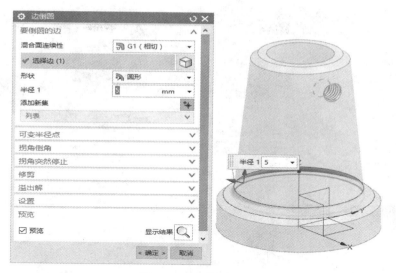

图 5-107　创建边倒圆

2. 调节螺母

调节螺母图纸如图 5-109 所示。

图 5-108　支座完成图

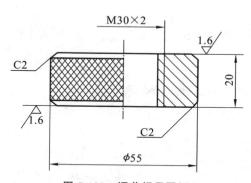

图 5-109　调节螺母图纸

（1）点击【新建】，名称输入【调节螺母】，点击【主页】→【圆柱】，设置直径 55、高度 20，点击【确定】按钮。

（2）创建倒斜角。点击【主页】→【倒斜角】，横截面选择【对称】，距离为 2，参数设置如图 5-110 所示。

（3）创建基准平面。点击【主页】→【基准平面】，参数设置如图 5-111 所示，【参考几何体】→【选择对象】→选择圆柱面。

（4）创建草图。点击【主页】→【草图】，【指定平面】选择第（3）步建立的基准平面，参数设

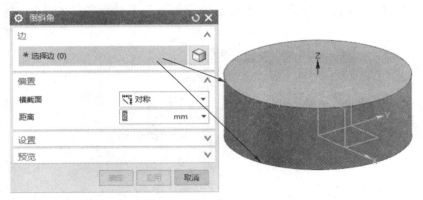

图 5-110　创建倒斜角

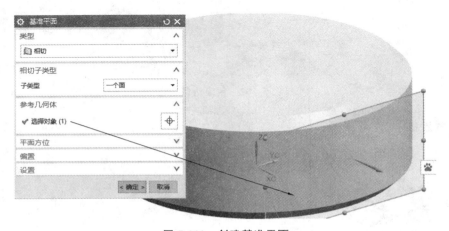

图 5-111　创建基准平面

置如图 5-112 所示,点击【确定】按钮;进入草图,绘制图 5-113 所示草图。

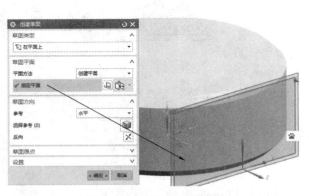

图 5-112　指定草图平面

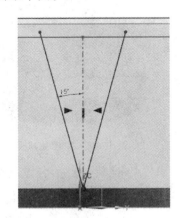

图 5-113　绘制草图

（5）投影曲线。点击【曲线】→【投影曲线】，参数设置如图 5-114 所示,点击【确定】按钮。

（6）建立管道。点击【曲面】→【管道】，参数设置如图 5-115 所示,点击【确定】按钮。

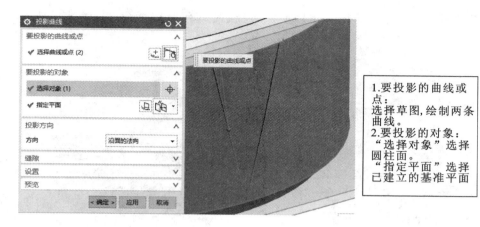

图 5-114　投影曲线

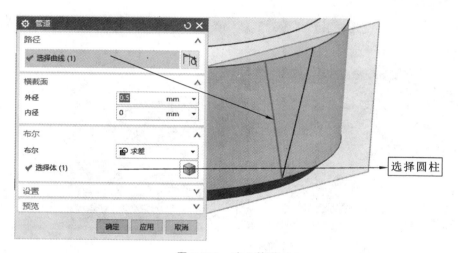

图 5-115　建立管道

（7）阵列管道。点击【主页】→【阵列特征】 ，参数设置如图 5-116 所示，点击【确定】按钮。

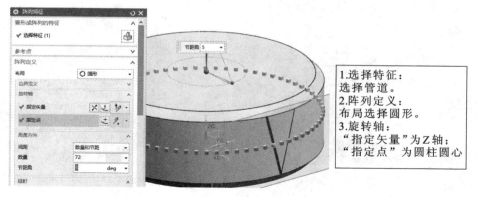

图 5-116　阵列管道

（8）同理，建立另一管道。完成图如图 5-117 所示。

（9）建立孔。点击【主页】→【孔】，形状选择【简单孔】，深度为 30，参数设置如图 5-118 所示。

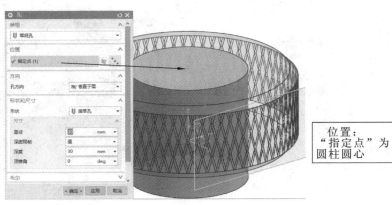

位置：
"指定点"为
圆柱圆心

图 5-117　管道阵列完成图　　　　　　　　　　　**图 5-118　建立孔**

（10）建立螺纹。点击【主页】→【螺纹】，螺纹类型选择【详细】，参数设置如图 5-119 所示，点击【应用】【确定】按钮。

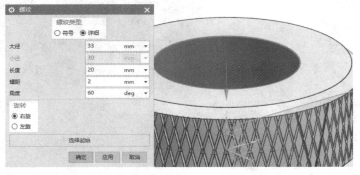

图 5-119　建立螺纹

（11）整理图形。点击【视图】→【显示和隐藏】，基准平面"－"，曲线"－"，如图 5-120 所示，点击【关闭】按钮。调节螺母完成图如图 5-121 所示。

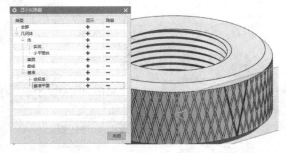　　　　

图 5-120　设置显示和隐藏　　　　　　　　　　　**图 5-121　调节螺母完成图**

3. 螺杆

螺杆图纸如图 5-122 所示。

（1）点击【新建】，名称输入【螺杆】，点击【主页】→【圆柱】，设置直径 30、高度 100，如图 5-123 所示。

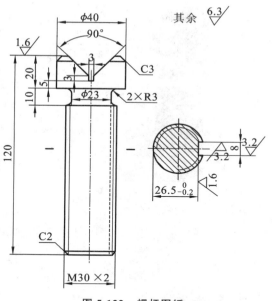

图 5-122　螺杆图纸

图 5-123　圆柱

（2）建立凸台。点击【凸台】，设置如图 5-124 所示，选择平的放置面。

弹出图 5-125 所示【定位】对话框，选择 ，选择圆柱上表面圆心；弹出图 5-126 所示对话框，选择【圆弧中心】，点击【确定】按钮。完成图如图 5-127 所示。

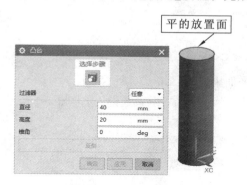

图 5-124　建立凸台

图 5-125　定位

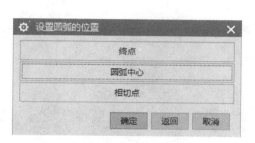

图 5-126　圆弧中心

图 5-127　凸台完成图

（3）创建倒斜角。点击【倒斜角】 📎 ，距离为3，设置如图5-128所示，选择圆柱凸台上边缘，单击【应用】【确定】按钮。

图 5-128　创建倒斜角

（4）建立基准CSYS。点击【主页】→【基准CSYS】↘ ，弹出的对话框如图5-129所示，选择圆柱凸台上边缘，单击【应用】【确定】按钮。

图 5-129　建立基准 CSYS

（5）建立草图。点击【主页】→【草图】，在 X-Z 平面上绘制图 5-130 所示草图。

（6）拉伸。点击【主页】→【拉伸】，对称拉伸求差图 5-130 所示草图，参数设置如图 5-131 所示。

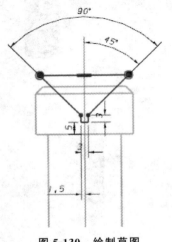 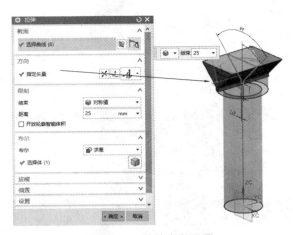

图 5-130　绘制草图　　　　　　　　　图 5-131　拉伸参数设置

（7）建立槽。点击【主页】→【槽】 ⬛，弹出图 5-132 所示对话框，选择【矩形】，弹出图 5-133 所示对话框，选择放置面为圆柱表面，参数设置如图 5-134 所示。

图 5-132 【槽】对话框

图 5-133 矩形槽名称

在图 5-134 所示对话框中，设置槽直径 23、宽度 10，点击【确定】按钮，弹出图 5-135 所示【定位槽】对话框，分别选择目标边和工具边，距离输入 0，如图 5-136 所示，单击【确定】按钮。

图 5-134 矩形槽参数

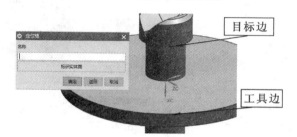

图 5-135 【定位槽】对话框

（8）创建边倒圆。点击【主页】→【边倒圆】 ⬛，选择槽两端边倒圆，半径为 3，参数设置如图 5-137 所示。

图 5-136 设置目标边与工具边距离

图 5-137 创建边倒圆

（9）创建倒斜角。点击【主页】→【倒斜角】 ⬛，选择圆柱底端，对称距离为 2，参数设置如图 5-138 所示。

图 5-138 创建倒斜角

（10）建立基准平面。点击【主页】→【基准平面】□，选择圆柱面，如图 5-139 所示。

（11）建立草图。在基准平面上建立图 5-140 所示草图。

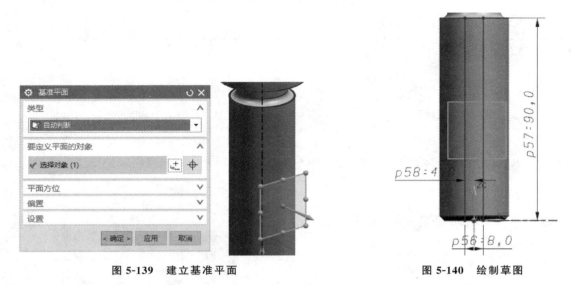

图 5-139　建立基准平面　　　　　　　　　　　　　图 5-140　绘制草图

（12）拉伸。对图 5-140 所示草图拉伸，距离为 3.5，并与圆柱求差，如图 5-141 所示。

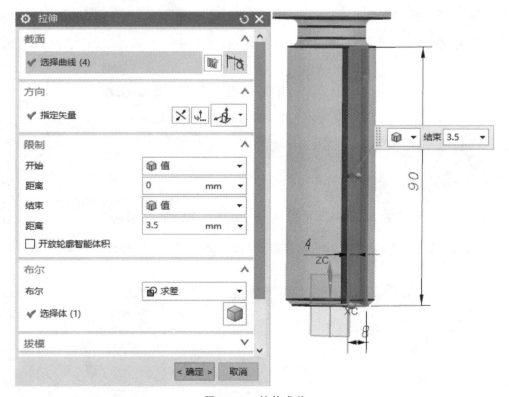

图 5-141　拉伸求差

（13）螺纹。点击【主页】→【螺纹】，点击圆柱面，选择螺纹起始面为圆柱上端边缘面，如图 5-142 所示，点击【确定】按钮；点击【螺纹轴反向】，如图 5-143 所示，点击【确定】按钮；螺纹参数如图 5-144 所示，点击【确定】按钮。

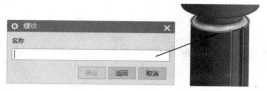

图 5-142 选择螺纹起始面

图 5-143 螺纹反向

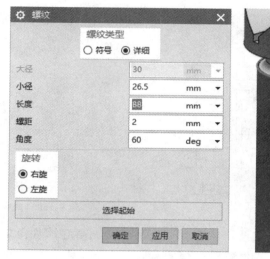

图 5-144 螺纹参数

（14）整理图形。点击【显示和隐藏】，全部"－"，实体"＋"，如图 5-145 所示，螺杆完成图如图 5-146 所示。

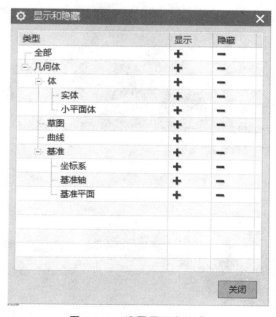

图 5-145 设置显示和隐藏

图 5-146 螺杆完成图

4. 紧固螺钉

紧固螺钉图纸如图 5-147 所示。

（1）点击【新建】，名称输入【紧固螺钉】，点击【主页】→【圆柱】，设置直径 15、高度 20，指定矢量为 Y 向，如图 5-148 所示。

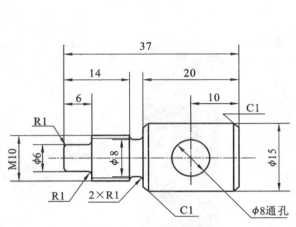

图 5-147　紧固螺钉图纸

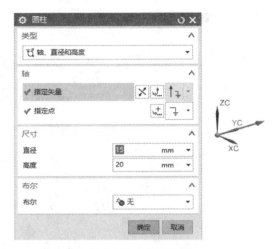

图 5-148　创建圆柱

（2）建立第一个凸台。点击【主页】→【凸台】，设置直径 10、高度 8，如图 5-149 所示；放置面为圆柱上表面，点击【应用】按钮，定位方式选择【点到点】，如图 5-150（a）所示，选择圆柱上表面边缘，弹出图 5-150（b）所示对话框，选择【圆弧中心】，完成凸台建模。

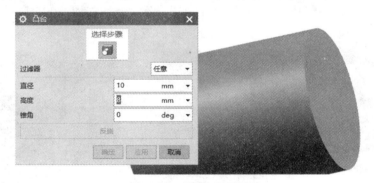

图 5-149　【凸台】对话框

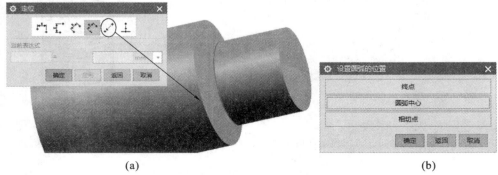

（a）　　　　　　　　　　　（b）

图 5-150　"点到点"定位

（3）建立第二个凸台。在第一个凸台上再建立直径 6、高度 6 的凸台。

（4）创建倒斜角。点击【主页】→【倒斜角】🪨，选择第一个圆柱的上、下底边，横截面选择【对称】，距离为 1，如图 5-151 所示。

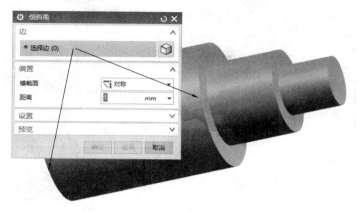

图 5-151 创建倒斜角

（5）建立基准 CSYS。点击【主页】→【基准 CSYS】🪨，点击【确定】按钮，如图 5-152 所示。

图 5-152 建立基准 CSYS

（6）建立基准平面。点击【主页】→【基准平面】▢，选择 X-Y 平面，偏置距离输入 15/2，点击【确定】按钮，如图 5-153 所示。

图 5-153 建立基准平面

（7）建立孔。点击【主页】→【孔】 ，选择上一步建立的基准平面，确定孔中心点的位置，如图 5-154 所示，点击【确定】按钮，设置孔直径 8、孔深度 20，常规孔，如图 5-155 所示，点击【确定】按钮。

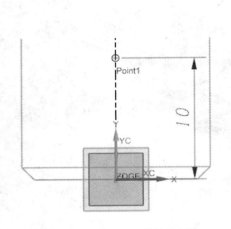

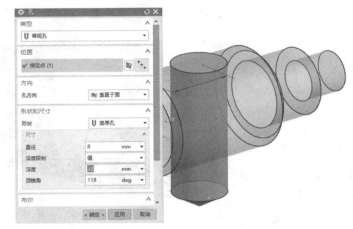

图 5-154　确定孔中心点的位置　　　　　　　　　图 5-155　建立孔

（8）建立槽。点击【主页】→【槽】 ，选择【矩形】，选择放置面为圆柱面，弹出图 5-156 所示对话框，矩形槽直径为 8，宽度为 3，点击【确定】按钮，选择放置面为圆柱表面，弹出图 5-157 所示对话框，定位槽的目标边和工具边之间的距离为 0。

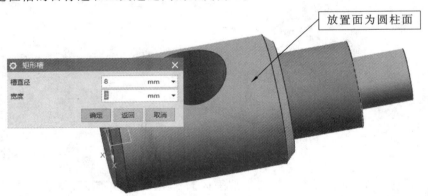

图 5-156　矩形槽放置面

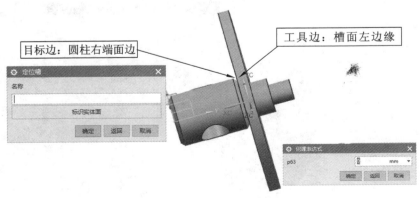

图 5-157　定位槽

（9）建立边倒圆。点击【主页】→【边倒圆】，选择槽两端边，半径为 1，参数设置如图 5-158 所示，点击【确定】按钮。

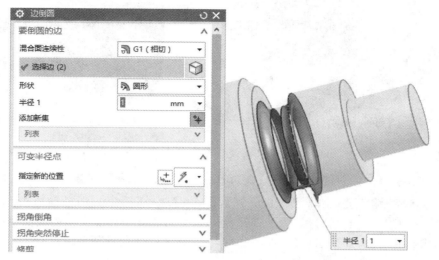

图 5-158　建立边倒圆

（10）建立边倒圆。点击【主页】→【边倒圆】，选择最上边凸台两端边，半径为 1，参数设置如图 5-159 所示，点击【确定】按钮。

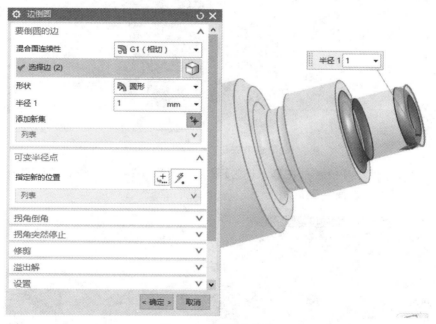

图 5-159　建立边倒圆

（11）建立螺纹。点击【主页】→【螺纹】，选择螺纹圆柱面，参数设置如图 5-160 所示，点击【确定】按钮。

（12）整理图形。点击【显示和隐藏】，全部"－"，实体"＋"，紧固螺钉完成图如图 5-161 所示。

图 5-160 【螺纹】对话框

图 5-161 紧固螺钉完成图

5．装配

（1）打开支座。【文件】→【打开】→支座.prt，点击【应用模块】→【装配】→【添加】，打开调节螺母.prt，【装配位置】选择【绝对坐标系】，【放置】选择【约束】；选择约束类型为【接触对齐】，方位为【自动判断中心/轴】，如图 5-162 所示；两个对象分别选择支座内端面中心线和调节螺母内表面中心线。注：如未出现【组件预览】，点击【设置】→【启动预览窗口】。

图 5-162 调节螺母【自动判断中心/轴】

选择装配约束类型为【接触对齐】，方位为【对齐】，如图 5-163（a）所示；两个对象分别选择支座上表面和调节螺母上表面。完成图如图 5-163（b）所示。

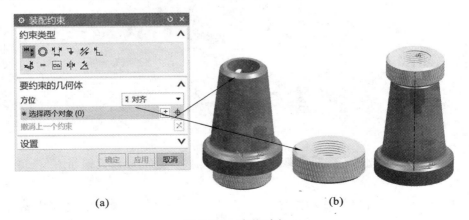

(a)　　　　　　　　　(b)

图 5-163 方位对齐

注:若对齐方向相反,点击【反向】。

(2)装配螺杆。【添加】,打开螺杆.prt,【装配位置】选择【绝对坐标系】,【放置】选择【约束】→【应用】;选择约束类型为【接触对齐】,方位为【自动判断中心/轴】,如图 5-164 所示;两个对象分别选择支座内端面中心线和螺杆中心线。

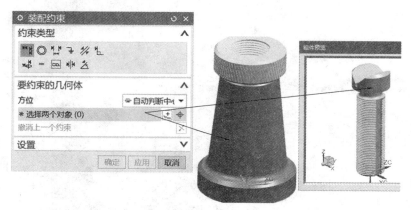

图 5-164　自动判断中心/轴

注:若自动判断中心/轴方向相反,点击【反向】。

选择装配约束类型为【距离】,如图 5-165(a)所示;两个对象分别选择支座下表面和螺杆上表面,距离输入 140~200 之间的数值,完成图如图 5-165(b)所示。

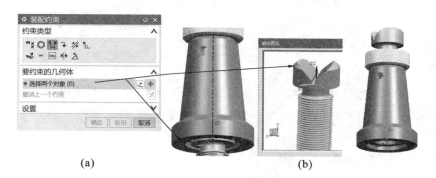

(a)　　　　　　　　　　　　(b)

图 5-165　装配约束类型为【距离】及其效果

(3)装配调节螺母。【添加】,打开调节螺母.prt,【装配位置】选择【绝对坐标系】,【放置】选择【约束】→【应用】;选择约束类型为【接触对齐】,方位为【自动判断中心/轴】,如图 5-166 所示;两个对象分别选择调节螺母中心线和支座孔中心线,点击【确定】按钮。

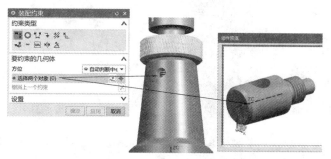

图 5-166　自动判断中心/轴

点击【装配约束】  ,选择装配约束类型为【接触对齐】,方位为【接触】,如图 5-167(a)所示;两个对象分别选择调节螺母小端端面和螺杆螺纹段槽表面,点击【应用】【确定】按钮。完成图如图 5-167(b)所示。

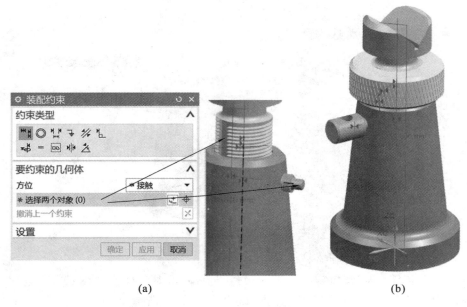

(a)   (b)

图 5-167   方位为【接触】及其效果

(4)整理图形。点击【视图】→【显示和隐藏】,全部"一",实体"+",可调支座装配完成图如图 5-168 所示。

6. 爆炸图

(1)点击 【爆炸图】,弹出图 5-169 所示爆炸图命令条;点击【新建爆炸图】,弹出图 5-170 所示对话框,点击【确定】按钮;爆炸图命令条中的命令被激活,如图 5-171 所示。

图 5-168   可调支座完成图

图 5-169   爆炸图命令条

(2)点击图 5-171 中的 【编辑爆炸图】,弹出图 5-172 所示对话框,【选择对象】选择螺杆,【移动对象】选择 Z 轴,距离输入 130,点击【应用】按钮。

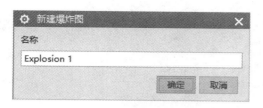

图 5-170 【新建爆炸图】对话框　　　　图 5-171　爆炸图命令被激活

注:只点击【应用】按钮,不点击【确定】按钮。

(3)【选择对象】选择调节螺母,【移动对象】选择 Z 轴,距离输入 50,如图 5-173 所示,点击
【应用】【确定】按钮。

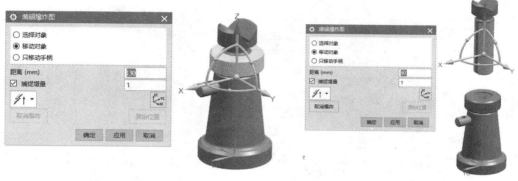

图 5-172　爆炸螺杆　　　　　　　　　　图 5-173　爆炸调节螺母

(4)点击 【编辑爆炸图】,【选择对象】选择紧固螺钉,【移动对象】选择 X 轴,距离输入
50,如图 5-174 所示,点击【确定】按钮。

(5)爆炸完成图,如图 5-175 所示。

图 5-174　爆炸紧固螺钉　　　　　　　　图 5-175　爆炸完成图

7．装配动画

（1）点击【爆炸图】，选择【（无爆炸）】，如图 5-176 所示。

图 5-176 爆炸图命令条

（2）取消装配导航器中的约束，即不勾选，如图 5-177 所示。

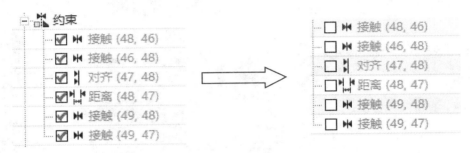

图 5-177 取消约束

（3）点击 【序列】，点击 【新建】，点击 【插入运动】，弹出图 5-178 所示对话框，【选择对象】选择螺杆，【移动对象】选择 Z 轴，距离输入 130，沿 Z 轴移动，点击 ✔。

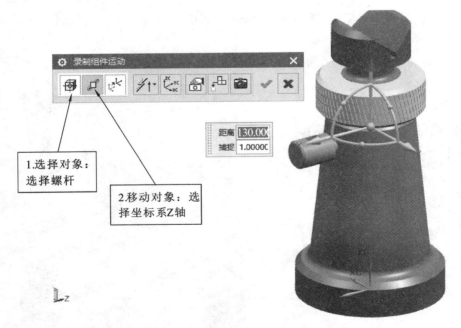

图 5-178 螺杆插入运动对话框

（4）【选择对象】选择调节螺母，【移动对象】选择 Z 轴，距离输入－20，如图 5-179 所示，沿 Z 轴移动，点击 ✔。

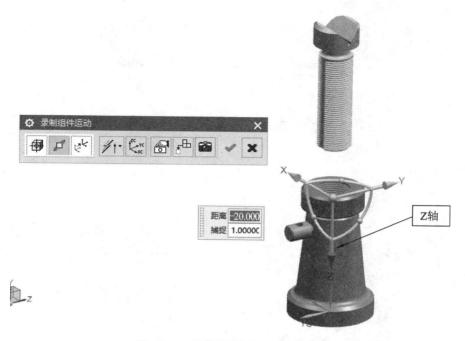

图 5-179　调节螺母插入运动对话框

（5）【选择对象】选择紧固螺钉,【移动对象】选择 Y 轴,距离输入－30,如图 5-180 所示,沿 Y 轴移动,点击 ✓。

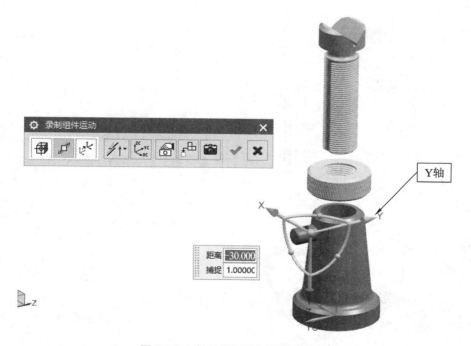

图 5-180　紧固螺钉插入运动对话框

（6）播放。点击【播放/回放】,导出至电影,如图 5-181 所示。

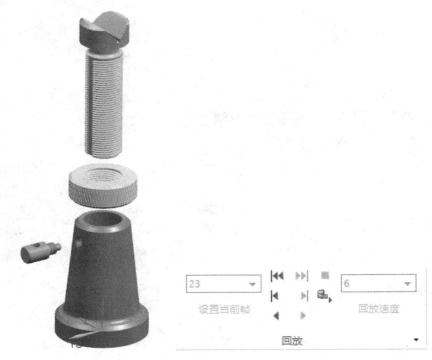

图 5-181　播放对话框

练习题

绘制图 5-182～图 5-190。

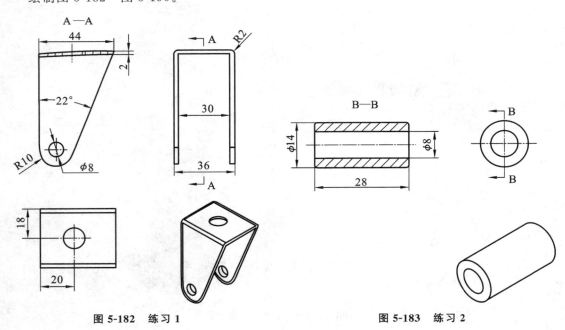

图 5-182　练习 1

图 5-183　练习 2

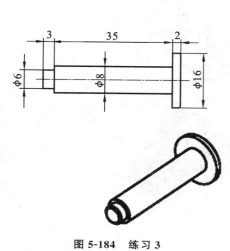

图 5-184 练习 3

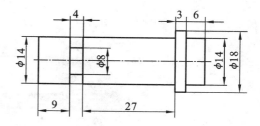

图 5-185 练习 4

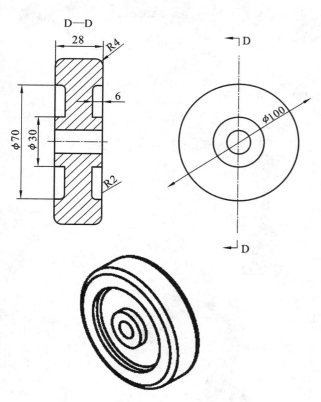

图 5-186 练习 5

图中未注倒角0.5

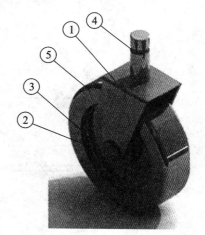

图 5-187 练习 6

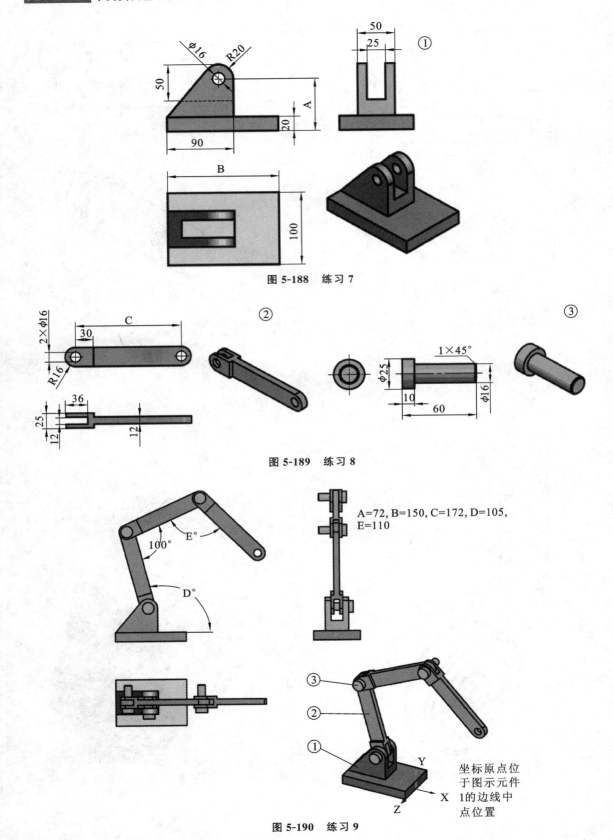

图 5-188   练习 7

①

②   ③

图 5-189   练习 8

A=72, B=150, C=172, D=105,
E=110

③

②

①

Y

X

Z

坐标原点位
于图示元件
1的边线中
点位置

图 5-190   练习 9

模块 6

工程图

(1) 掌握 UG NX 12.0 制图的基本参数设置和使用。

(2) 掌握 UG NX 12.0 制图的创建与视图操作。

(3) 熟练掌握 UG NX 12.0 制图的尺寸、形位公差及表面粗糙度的标注。

(4) 熟练掌握 UG NX 12.0 制图的编辑和设计。

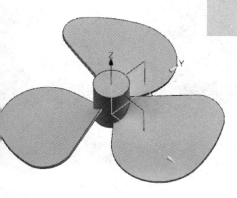

◀ 任务一　座体工程图 ▶

（1）创建图纸页。点击【应用模块】下的🔧【制图】命令，进入制图环境。点击图纸工具条中的📄【新建图纸页】命令，【图纸页】对话框中的参数设置如图 6-1 所示。

（2）添加主视图。点击【基本视图】📷，打开【基本视图】对话框，参数设置如图 6-2 所示。在图纸虚线框内的合适位置单击鼠标左键，添加模型的俯视图。系统自动弹出【投影视图】对话框，在第一个视图的正下方单击鼠标左键，添加视图，如图 6-3 所示，然后点击【关闭】按钮。

图 6-1　【图纸页】对话框

图 6-2　【基本视图】对话框

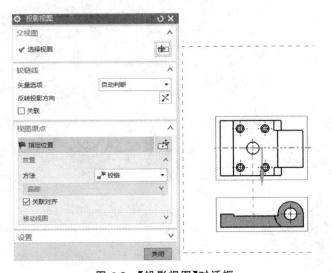

图 6-3　【投影视图】对话框

（3）添加正等测图。再次单击【基本视图】![icon]，在弹出的对话框中设置参数如图 6-4 所示，然后在右下方单击鼠标左键，添加正等测图。

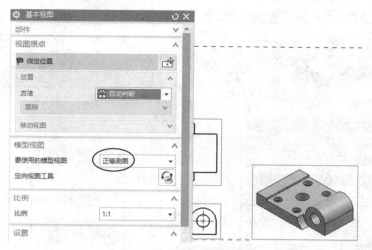

图 6-4 【基本视图】对话框

（4）添加剖视图。点击 ![icon]【截面线】命令，在弹出的对话框中选择父视图为俯视图，如图 6-5 所示；然后进入草图界面，绘制图 6-6 所示草图，完成草图回到制图界面，得到图 6-7 所示阶梯剖截面线。

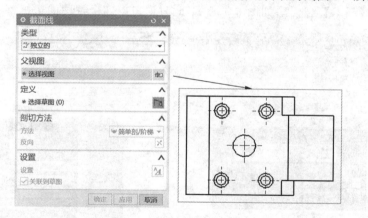

图 6-5 【截面线】对话框

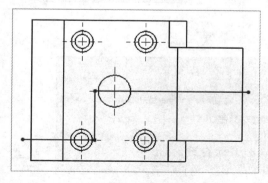

图 6-6 草图绘制

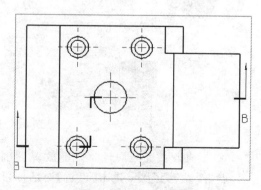

图 6-7 阶梯剖截面线

点击 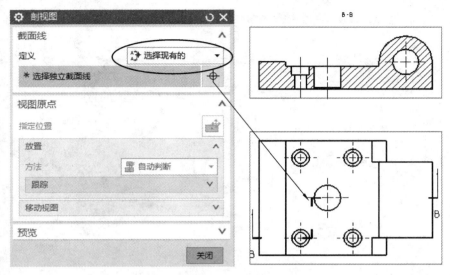【剖视图】命令,参数设置如图 6-8 所示,点击鼠标左键,将剖视图放置到图 6-8 所示位置。

图 6-8　剖视图

(5)修改工程图设置。选择文件→首选项→制图,弹出【制图首选项】对话框,在【视图】下取消【边界】下的【显示】复选框,如图 6-9 所示,此时窗口中四个视图的边框都消失。

图 6-9　【制图首选项】对话框

(6)修改截面线属性。鼠标放置到剖切线上,单击鼠标右键,弹出快捷菜单,如图 6-10 所示,点击【设置】命令,弹出【设置】对话框,修改参数设置,如图 6-11 所示。

图 6-11 【设置】对话框

图 6-10 右键快捷菜单

（7）修改尺寸标注样式。选择文件→首选项→制图→尺寸，可对尺寸相关的样式属性进行修改，如图 6-12 所示。

（8）标注尺寸。

① 点击尺寸工具栏中的 ⚡【快速尺寸】命令，选择要标注尺寸的直线对象或两端点，标注所有的水平或竖直方向尺寸，如图 6-13 所示。

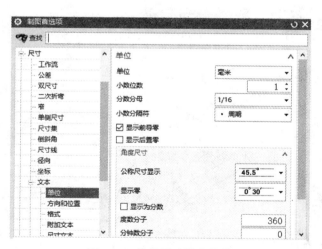

图 6-12 修改尺寸样式属性

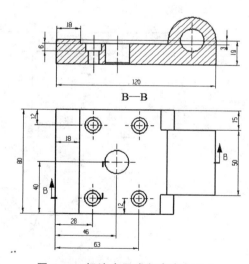

图 6-13 标注水平或竖直方向尺寸

注：标注时，如需移动剖切线字母 B 和剖切图符号 B—B，则可按住鼠标左键将其拖动到合适的位置。

② 点击尺寸工具栏中的 ⚡【快速尺寸】命令，参数设置如图 6-14 所示，依次标注各圆直径；将测量方法对话框切换到 ⬚圆柱坐标系 ▼ ，标注埋头孔 φ20 尺寸。

将测量方法对话框切换到 ⬚径向 ▼ ，标注两个半径尺寸。尺寸标注如图 6-15 所示。

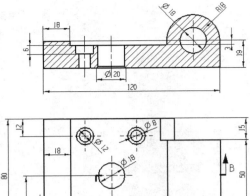

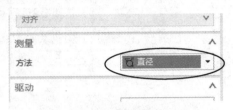

图 6-14　选择快速标注方法

图 6-15　尺寸标注

最终完成的座体工程图如图 6-16 所示。

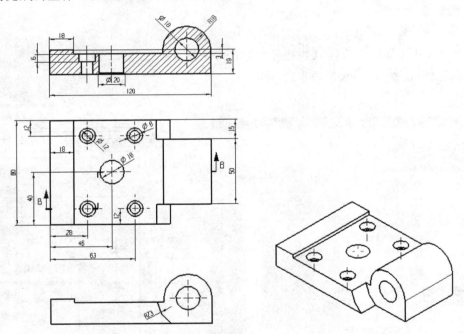

图 6-16　座体工程图

◀ 任务二　阀体工程图 ▶

（1）创建图纸页。点击【应用模块】下的 ✎【制图】命令，进入制图环境。点击图纸工具条中的 🗖【新建图纸页】命令，【图纸页】对话框中的参数设置如图 6-17 所示。

（2）添加基本视图。

点击【基本视图】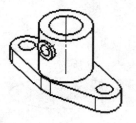，打开【基本视图】对话框，参数设置如图 6-18 所示。在图纸虚线框内的合适位置单击鼠标左键，添加模型的俯视图。系统自动弹出【投影视图】对话框，然后点击对话框中的【关闭】按钮。

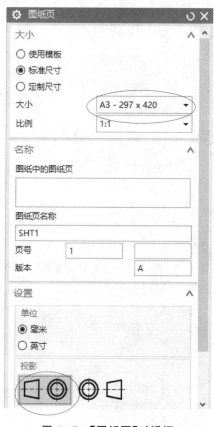

图 6-17　【图纸页】对话框

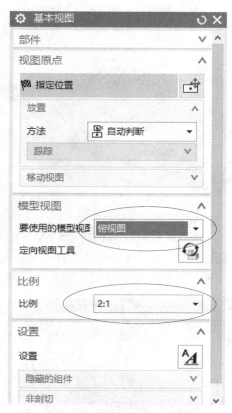

图 6-18　【基本视图】对话框

再次单击【基本视图】，然后在右下方单击鼠标左键，添加正等测图，如图 6-19 所示。

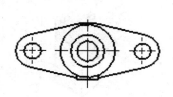

图 6-19　添加正等测图

（3）添加半剖视图。

① 点击 【剖视图】命令，弹出【剖视图】对话框，参数设置如图 6-20 所示。选择俯视图为半剖视图的父视图。选择俯视图右边同心圆圆心，然后选择大圆圆心，在俯视图正上方适当位置单击鼠标左键，放置半剖视图。

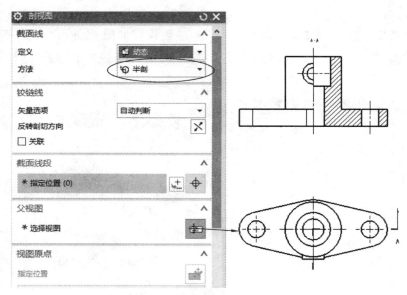

图 6-20　【剖视图】对话框

② 点击 ▦▦【剖视图】命令,弹出【剖视图】对话框,参数设置如图 6-21 所示。选择俯视图为半剖视图的父视图。选择俯视图右边同心圆圆心,然后选择大圆圆心。在【方向】下拉列表中选择【剖切现有的】,然后选择正等轴测图,得到图 6-22 所示的正等剖视图。

图 6-21　【剖视图】对话框

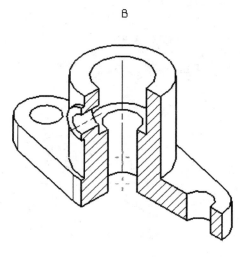

图 6-22　正等剖视图

(4) 添加全剖视图。点击 ▦▦【剖视图】命令,弹出【剖视图】对话框,参数设置如图 6-23 所示。选择主视图为半剖视图的父视图。单击鼠标左键,选择主视图同心圆圆心,在主视图右方合适位置单击左键,放置全剖视图,如图 6-24 所示。

图 6-23 【剖视图】对话框

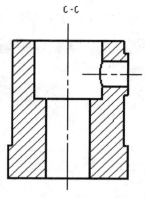

图 6-24 全剖视图

（5）标注尺寸。

① 点击尺寸工具栏中的 ⚒【快速尺寸】命令，选择要标注尺寸的直线对象或两端点，标注所有的水平或竖直方向尺寸，如图 6-25 所示。

② 点击尺寸工具栏中的 ⚒【快速尺寸】命令，将测量方法对话框切换到 `直径` ▼ ，依次标注各圆直径；将测量方法对话框切换到 `圆柱坐标系` ▼ ，标注孔径尺寸，如图 6-25 所示。

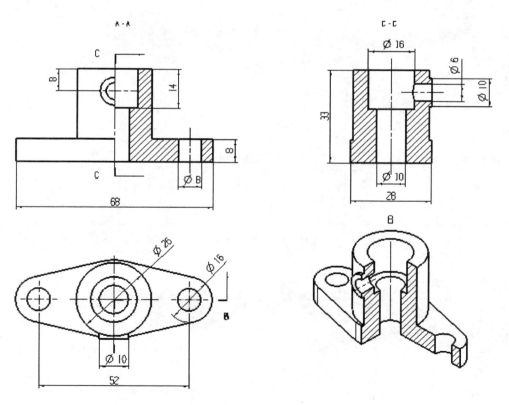

图 6-25 标注尺寸

（6）标注表面粗糙度。点击 √ 【粗糙度】命令，弹出【表面粗糙度】对话框，参数设置如图 6-26 所示，放置表面粗糙度符号，如图 6-27 所示。

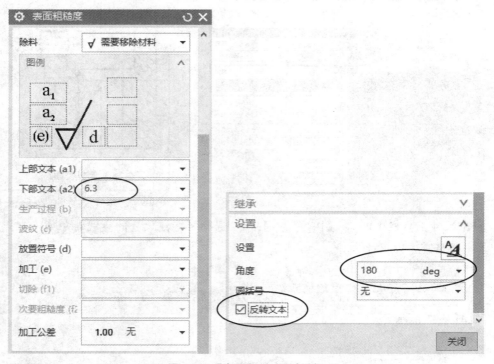

图 6-26 【表面粗糙度】对话框

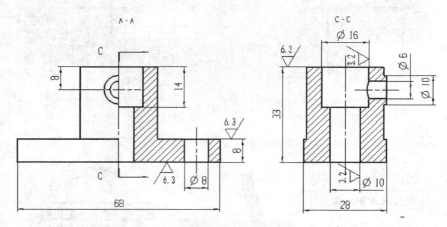

图 6-27 标注表面粗糙度

（7）标注形状位置公差。

① 点击注释工具栏中的 ⌷【基准特征符号】命令，在弹出的对话框中设置图 6-28 所示参数，并将标注放置在所需要的标注平面上，如图 6-29 所示。

② 点击注释工具栏中的 ⊨【特征控制框】命令，在弹出的对话框中设置如图 6-30 所示的参数，并将标注放置在所需要的标注平面上。放置形位公差：点击图 6-30 所示对话框中的【指引线】区域中的 ⬉ 按钮，选取图示位置放置形位公差，如图 6-31 所示。

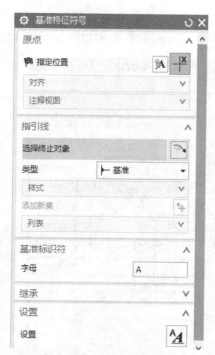

图 6-28 【基准特征符号】对话框

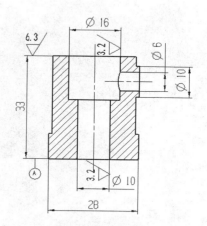

图 6-29 基准标注

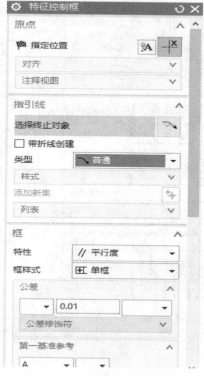

图 6-30 【特征控制框】对话框

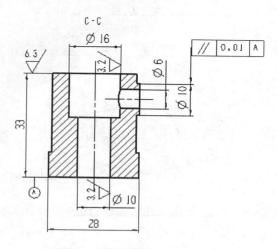

图 6-31 放置形位公差的位置

（8）添加注释。

点击注释工具栏中的 A 【注释】命令，弹出【注释】对话框，参数设置如图 6-32 所示。

添加技术要求。在【注释】对话框中填写图 6-32 所示的文字内容。选择合适的位置单击以放置注释，然后单击鼠标中键完成操作，结果如图 6-33 所示。

图 6-32 【注释】对话框

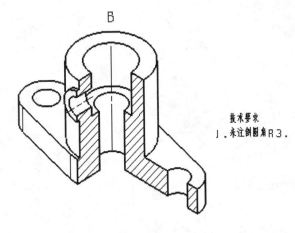

图 6-33 添加技术要求完成

最终完成的阀体工程图如图 6-34 所示。

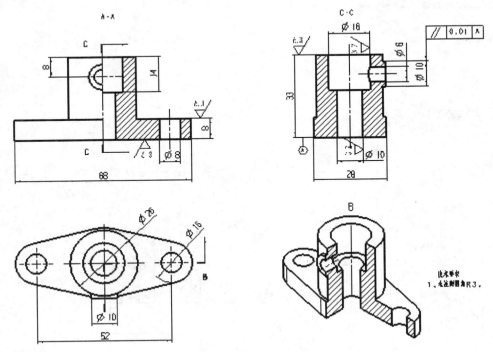

图 6-34 阀体工程图

◀ 任务三　法兰盘工程图 ▶

（1）创建图纸页。点击【应用模块】下的 【制图】命令，进入制图环境。点击图纸工具条中的 【新建图纸页】命令，【图纸页】对话框中的参数设置如图 6-35 所示。

（2）点击【基本视图】 ，打开【基本视图】对话框，参数设置如图 6-36 所示。在图纸虚线框内的合适位置单击鼠标左键，添加模型的俯视图。系统自动弹出【投影视图】对话框，然后点击对话框中的【关闭】按钮。

图 6-35　【图纸页】对话框

图 6-36　【基本视图】对话框

再次单击【基本视图】 ，然后在右下方单击鼠标左键，添加正等测图，如图 6-37 所示。

（3）添加局部剖视图。

① 鼠标选中主视图，点击右键，选择图 6-38 所示【活动草图视图】选项，激活草图，然后用 【艺术样条】命令，画出图 6-39 所示草图，点击 ，完成草图。

② 创建局部剖视图。点击 【局部剖视图】命令，视图选择主视图，基点选择如图 6-40 所示，拉伸矢量默认，曲线选择上一步绘制的草图，点击【应用】【确定】按钮，完成局部剖视图的绘制。使用同样的方法创建另一处局部剖视图，最终视图如图 6-41 所示。

（4）标注尺寸。

① 点击尺寸工具栏中的 【快速尺寸】命令，选择要标注尺寸的直线对象或两端点，标注

所有的水平或竖直尺寸,如图 6-42 所示。

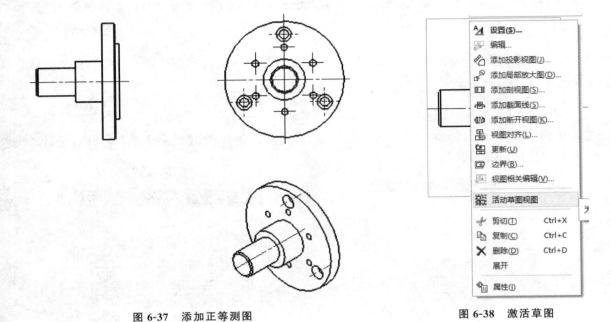

图 6-37 添加正等测图

图 6-38 激活草图

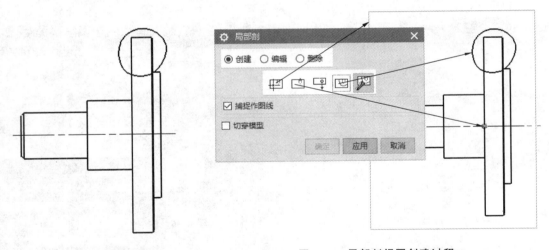

图 6-39 边界草图绘制

图 6-40 局部剖视图创建过程

② 点击尺寸工具栏中的 【快速尺寸】命令,将测量方法对话框切换到 直径 ,依次标注各圆直径;将测量方法对话框切换到 圆柱坐标系 ,标注孔径尺寸,如图 6-42 所示。

③ 尺寸公差标注。双击需要标注公差的尺寸,弹出图 6-43 所示的对话框,即可添加需要的公差。

(5) 标注表面粗糙度,如图 6-44 所示。

(6) 标注形位公差,如图 6-44 所示。

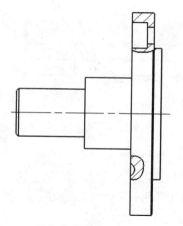

图 6-41　局部剖视图

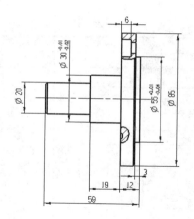

图 6-42　尺寸标注

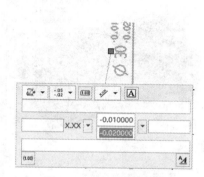

图 6-43　尺寸公差标注

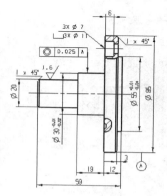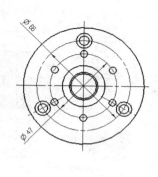

图 6-44　标注表面粗糙度和形位公差

练习题

绘制图 6-45～图 6～48。

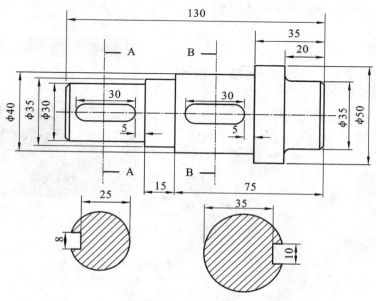

图 6-45　练习 1

底座盖

塑件名称	底座盖	图号	SJ-11
材料	PC	生产批量	80万件

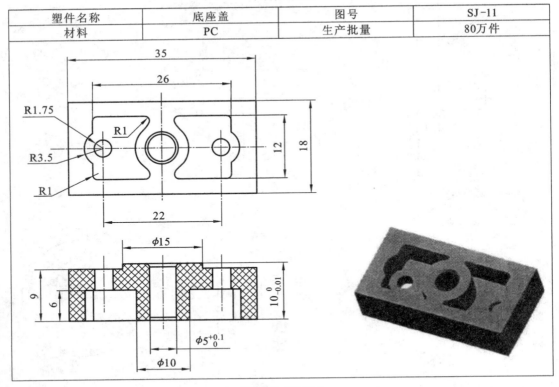

图 6-46 练习 2

盖塞

塑件名称	盖塞	图号	SJ-01
材料	PS	生产批量	80万件

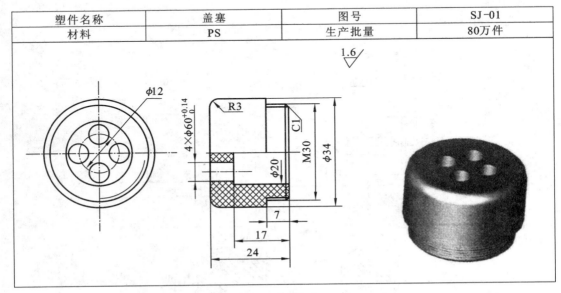

图 6-47 练习 3

骨架

塑件名称	骨架	图号	SJ-C2
材料	PP	生产批量	100万件

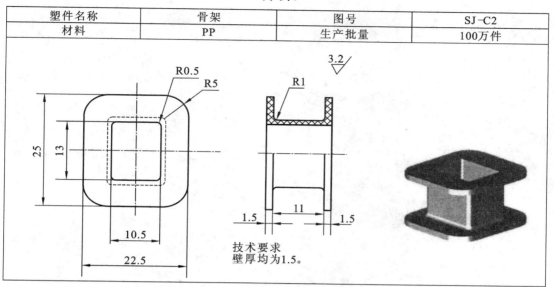

3.2

R0.5
R5
R1

25
13

10.5
22.5

1.5 11 1.5

技术要求
壁厚均为1.5。

图 6-48　练习 4